カントールの連続体仮説
Cantor's Continuum Hypothesis

ミーたんとコウちんは
第２回国際数学者会議に出席していた

$$\neg \exists X, \aleph_0 < \text{Card}(X) < \aleph_1$$

市川秀志
Hideshi Ichikawa

Parade Books

◆ まえがき

20世紀を代表する数学者ヒルベルトは、1900年にパリで開催された第2回国際数学者会議において、次のような23の未解決問題を提起しました。

1. 連続体仮説
2. 算術の公理と無矛盾性
3. 等底・等高な四面体の等積性
4. 2点間の最短距離としての直線の問題
5. 位相群がリー群となるための条件
6. 物理学の諸公理の数学的扱い
7. 種々の数の無理性と超越性
8. 素数分布の問題、特にリーマン予想
9. 一般相互法則
10. ディオファントス方程式の可解性の決定問題
11. 任意の代数的数を係数とする二次形式
12. 類体の構成問題
13. 一般7次方程式を2変数の関数だけで解くことの不可能性
14. 不変式系の有限性の証明
15. 代数幾何学の基礎づけ
16. 代数曲線および曲面の位相の研究
17. 定符号の式を、完全平方式を使った分数式で表現すること

18. 結晶群・敷きつめ・最密充塡・接吻数問題
19. 正則な変分問題の解は常に解析的か
20. ディリクレ問題の一般化
21. 与えられたモノドロミー群をもつ線型微分方程式
    の存在証明
22. 保型関数による解析関数の一意化
23. 変分学の方法の研究の展開

　本書のテーマは、このうちの第1番目の連続体仮説です。

　以前に私が執筆した「カントールの対角線論法」では、主人公であるミーたんとコウちんが中心となって「実無限は無限ではない」と「対角線論法は背理法ではない」ということを証明しました。そして、2000年以上にわたって謎とされてきた嘘つきパラドックスの論理構造を解明しました。

　2冊目の「カントールの区間縮小法」においては、さらに彼らは「公理的集合論は矛盾している」と「非ユークリッド幾何学は矛盾している」という証明にも挑戦しました。

　これらを踏まえて、ミーたんとコウちんは歴史的な難問と言われていた連続体仮説 ── もう、すでにほぼ解決済みとされている連続体仮説 ── に、これからどのように立ち向かって行くのでしょうか？

この物語は完全なるフィクションです。ミーたんとコウちんは、今から100年以上前のパリに迷い込みます。そして、偶然にもヒルベルトと出会い、第2回国際数学者会議に出席することになりました。さあ、この2人の登場により、会場は大混乱に陥ってしまいます。

　では、これからゆっくりと、ゲーデルやコーエンらの連続体仮説に対する鋭い思考と、幼い子どもたちの連続体仮説に対する単純な思考の違いを、存分にお楽しみください。

◆ 対角線論法の解説

　本書のメインテーマはカントールの連続体仮説です。それを知る前に、ぜひ、押さえておかなければならないのがカントールの対角線論法です。ここでは、現代数学の考え方に基づいた「背理法としての対角線論法」をわかりやすく説明します。

　自然数は、そのすべてを１，２，３，…のように順番に並べることができます。では、実数をすべて順番に並べることができるでしょうか？　実数とは、0.5や１／３などの有理数と$\sqrt{2}$やπなどの無理数を合わせたものです。

　まず、０以上１未満の範囲にある実数をすべて順番に並べることができないことを、対角線論法という背理法で証明してみせます。そのためには、まず否定したい仮定を置きます。

　　仮定：０以上１未満の範囲にある実数 r を、すべて次の
　　　　　ように順番に並べることができる。

　　　r_1，　r_2，　r_3，　r_4，　r_5，　…

　これは、無限数列（横方向の無限数列）です。仮定から、この無限数列には０以上１未満の実数がすべて左から右に

向かって順番に並べられているはずです。ここで、この数列を横から縦に並べ変えます。

r_1
r_2
r_3
r_4
r_5
　　：

　横に並べても縦に並べても、「0以上1未満のすべての実数が並べられている」という本質に変わりはありません。

　次に、縦に並べられた実数をすべて無限小数で表します。0.3などは0.3000…という無限小数に直します。（もちろん、0.2999…という表示方法でもかまいません）すると、0以上1未満のすべての無限小数が上から順番に並べられているはずです。たとえば、具体的な無限小数を取り上げて、次のように並べられたとします。

$r_1 = 0.300000000\cdots$
$r_2 = 0.724396758\cdots$
$r_3 = 0.503854692\cdots$
$r_4 = 0.036168249\cdots$

対角線論法の解説　7

$r_5 = 0.102566590\cdots$

  ⋮   ⋮

　小数点より右側だけの整数の配列に注目すると、これは左から右に向かう無限の列と、上から下に向かう無限の行からなる数字の2次元の配列表であることがわかります。

　ここで、矛盾を示したいと思います。そのためには、この表に存在しない0以上1未満の無限小数を実際に1つ作って見せればいいわけです。そうすれば、「すべての無限小数が並べられているはずなのに、並べられていない無限小数が見つかった」という矛盾が得られます。

　ここで、カントールは左上から右下に向かう1本の対角線に注目しました。このたった1本の対角線が、その後の数学の歴史を大きく変えてしまったのです。

　ここに、対角線上の数字を赤く塗ってみました。

0.300000000⋯
0.724396758⋯
0.503854692⋯
0.036168249⋯
0.102566590⋯

 ⋮ ⋮⋮⋮⋮⋮⋮⋮⋮⋮

この対角線は右下に向かって無限に伸びています。そして、この対角線上には次の整数が並んでいます。

　　3，2，3，1，6，…

　これは、整数の無限数列でもあり、この数列の各項は、偶数か奇数のどちらかです。ここで、これらの偶数あるいは奇数を次なる2つの規則で新たな整数に変えてみます。

　　規則（1）偶数のときは、それを1（奇数）に変換する。
　　規則（2）奇数のときは、それを2（偶数）に変換する。

　なぜ、このような規則を作ったのかというと、偶数と奇数は明らかに異なるからであり、1を選んだのは奇数の代表であり、2を選んだのは偶数の代表だからです。
　この規則にしたがって各項を変換すると、次のような新しい無限数列が得られます。

　　2，1，2，2，1，…

　これらをつなぎ合わせ、さらに頭に0.をくっつけて再び無限小数に直し、これをdとします。

　　d＝0.21221…

対角線論法の解説　　9

こうして作られた無限小数 d は、すべての無限小数が並べられているはずの上の表の中に存在するのでしょうか？それを具体的に調べてみます。

　d と 1 行目の r_1 とでは、小数第 1 位が異なります。d と 2 行目の r_2 とでは、小数第 2 位が異なります。d と 3 行目の r_3 とでは、小数第 3 位が異なります。以下同様であり、無限小数 d と n 行目の無限小数 r_n とでは、小数第 n 位が異なります。つまり、無限小数 d は上記の表の中のどの無限小数 r_n とも異なります。

　$d \neq r_n$

　これより、d という実数はこの表の中には存在しません。

　0 以上 1 未満の実数がすべて並べられていると仮定したら、並べられていない実数 d が実際に見つかりました。これは一種の矛盾です。矛盾が導かれたことによって、上記の対角線論法は背理法を形成していることになります。

　これより仮定を否定して、「0 以上 1 未満の実数」をすべて並べることはできないという結論が得られます。したがって、それよりも範囲が大きい「すべての実数」を順番に並べることができないことも示されたことになります。以

上より、対角線論法からは次なる結論が得られます。

　自然数をすべて並べることができるが、実数をすべて並べることはできない。

　並べると数えるは同じですから、次なる結論も得られます。

　自然数をすべて数えることができるが、実数をすべて数えることはできない。

　ここから、自然数全体の集合を可算集合（数えられる集合）と呼び、実数全体の集合を非可算集合（数えられない集合）と呼ぶようになりました。

◆　連続体仮説の解説

　連続体仮説は、対角線論法をもとにして生み出された仮説です。「自然数全体の集合」をNと置き、「実数全体の集合」をRと置きます。

　すべての実数を順番に並べることができる —— NとRの間に1対1対応が存在する —— という仮定は、「集合Nの要素と集合Rの要素を（重複することもなく、漏れることもなく）1つ1つ対応させることができる」という仮定と同じです。そして、実際に対角線論法を用いて1対1対応をさせてみたら、余った実数が出てきました。

　集合同士で要素の過不足がないと仮定したにもかかわらず、実際には余った要素（この場合は、実数を余らせることができる）を作ることができたということは、実数全体の集合Rが自然数全体の集合Nよりも大きいことを意味しています。

　　　N＜R

　これによって、無限集合にも大きさの違いがあることがわかりました。そして、無限集合の大きさを比較するために、新しく「濃度」という概念が作られました。それは有限集合の要素数を無限集合にまで拡張した抽象的な概念です。

自然数全体の集合Nの濃度を$\aleph_0$（アレフ・ヌル）と表し、実数全体の集合Rの濃度を$\aleph_1$（アレフ・ワン）と表します。カントールの対角線論法により、次が証明されました。

　　$\aleph_0 < \aleph_1$

　ここで1つの疑問がわいてきます。

「$\aleph_0$と$\aleph_1$の間に中間の濃度が存在するのか？　それとも存在しないのか？」

　これを連続体問題といいます。カントールは次のような予想を立てました。

「$\aleph_0$と$\aleph_1$の間に、中間の濃度は存在しない」

　この予想をカントールの連続体仮説と呼んでいます。英語では Continuum Hypothesis とつづるため、ＣＨと略して書くことがあります。

　カントールは生涯をかけて、自分の予想が真実であることを証明しようとしました。しかし、その夢はとうとう果たせませんでした。

その後、彼の夢を実現するために、数学においては壮大なドラマが展開されています。そして素朴集合論から公理的集合論へ、ＺＦ集合論からＺＦＣ集合論への変化など、数学の激動の歴史が作られました。

　カントールの連続体仮説を解決すべく、次に登場したのがクルト・ゲーデルです。彼は、ＺＦ集合論が無矛盾であれば、ＺＦ集合論に連続体仮説を加えても無矛盾であることを証明しました。つまり、「連続体仮説を真の命題と考えてもよい」ということを示しました。

　その次に登場したのが、ポール・コーエンです。彼は、ＺＦ集合論が無矛盾であれば、ＺＦ集合論に連続体仮説の否定を加えても無矛盾であることを証明しました。これより、「連続体仮説を偽の命題と考えてもよい」ことになります。

　両者を合わせると、ＺＦ集合論が無矛盾であれば、連続体仮説の真偽はどっちでもかまわない ── ＺＦ集合論を用いている限り、連続体仮説の真偽は決定できない ── という最終結論で落ち着きました。これを、「連続体仮説はＺＦ集合論から独立している」と言います。

　コーエンは、この連続体仮説の独立性を証明した業績によって、1966年にモスクワで開かれた第15回国際数学者会議においてフィールズ賞を受賞しています。

しかし、解決といっても連続体仮説の真偽が明らかにされたわけではありません。明らかになったのは「ＺＦ集合論が無矛盾であれば、ＺＦ集合論に連続体仮説を加えても、連続体仮説の否定を加えても、ともに無矛盾である」という複雑な内容です。そのため、心の底から納得できる解答とは言えないのが実情です。

　果たして、このような複雑な結論で、連続体問題は本当に解決されたと考えても良いのでしょうか？　もしかしたら連続体仮説はまったく解決されておらず、それは次世代の新しい数学の誕生を待ちわびているようにさえ思えます。

　本書では、従来の数学とはまったく異なった視点から連続体仮説の本質に迫っていきます。そして、知的好奇心の旺盛な読者のみな様がたを十分に満足させることができるように、今まで誰も足を踏み入れたことのなかったであろう数学の魅力的な世界をお見せしたいと思います。

カントールの連続体仮説　もくじ

まえがき 003
対角線論法の解説 006
連続体仮説の解説 012

第1幕
物理学講演会でのできごと

物理学講演会 024
討論会に変更 029
噛み合わない根拠 031
相対性理論に入らない 034
アリジゴク 036
数学が変わったら 039
論理力の比較 042
矛盾している理論 044
拍手喝采 046
正しい物理理論の条件 048
頭のペン 050

第2幕
地球数学防衛隊の結成

宇宙新聞 054
緊急ニュース 055
コメンテーター 057
論理戦隊ジツムゲンジャー 059
可能無限狩り法案 061
街頭インタビュー 063
防衛隊員募集 065
ジツムゲンソング 067
合言葉 068

070 実況中継
071 ショータイム
074 ジツムゲンごっこ
076 論理戦争
079 挑戦状
082 お迎えのＵＦＯ
083 地球へ出発

第3幕
地球人との公開試合
088 地球アリーナ
090 テレビ放映
092 テーマソング
093 自己紹介
096 試合のルール
097 試合開始
100 国語辞典
102 スライド
104 有限と無限の合成物
105 実無限の正体
107 禁句
109 偉大な人たち
112 地球数学の歴史
116 見かけ上の背理法
120 可能無限と実無限
122 脅迫状
125 試合終了
127 号外

第4幕
ヒルベルトとの出会い

パリの街　130
カフェ　133
生き返ったら　138
作り話　139
ヒルベルトプログラム　141
1＝0.999…の証明ミス　142
S＝-1　145
タカギお兄さん　147
解析概論　149
無限集合論による抽象化　152
抽象化の害毒　154
パリ万国博覧会　156
集合論と幾何学　158
電子辞書　159
モグラたたき　162
ツェルメロのパラドックス　165
国際数学者会議への誘い　167

第5幕
第2回国際数学者会議

ソルボンヌ大学　170
ポアンカレ議長　172
開催宣言　175
数学の将来の問題について　177
ヒルベルトの23問題　178
質疑応答　180
非ユークリッド幾何学の矛盾　182
球面上の平行線公理　184

187 双子の兄弟
189 公理を1個だけ否定する
191 ロビー
194 ポアンカレの相対性理論
196 多様体
200 喧嘩の再開
202 ポアンカレ予想
205 想像力
207 宇宙語翻訳機

第6幕
ブルーノとの対話
210 サンタンジェロ城
211 連日の拷問
212 冷えた地下牢
213 巻物
214 拘禁反応
215 幻覚
216 アラキ青年
218 獄中講義
219 事象と現象
222 花の広場

第7幕
ヒデ先生の公開裁判
226 連行
228 公開裁判のお知らせ
228 ヤママツ星
229 コロッセウム
231 開廷

ブラウアー検察官 233
排中律 235
ブラウアー問題 237
ヒデ被告の弁明 240
無限小数の否定 242
無限小数 244
ウィトゲンシュタイン 247
求刑 248
誓約書 250
閉廷 253
オフレコ 254

第8幕
火あぶりの刑

十字架 260
火あぶりの刑 261
相対性理論は花盛り 262
ヒデ先生の秘伝書 263
散歩 265
ピタゴラス教団 266
ヒッパソス事件 269
意外な報酬 271
ミッション 274
アキレスとカメのパラドックス 276
可能無限による解法 278
トムソンのランプ 279
ブーイング 283
天の声 284
ヒデ先生救出 285

第9幕
アインシュタインと遊ぶ
288 プリンストン高等研究所
291 ゴム膜モデル
295 ニュートンとの電話
298 ゆがみに沿って動く
300 大物2人の喧嘩
302 邪道
305 オカルト
307 4次元時空のゆがみ
310 ノイマン交差点
313 コンピューター開発
315 不可逆現象
317 リンゴのパラドックス
318 検証
323 太陽の変形
324 断面積
327 空間が縮む
331 時刻の一意性
334 事象の同一性
336 2回の衝突

第10幕
ゲーデルとの食事
340 バイオリン
344 ゲーデル解
347 コモンルーム
348 フィールズ賞の授与ミス
351 連続体仮説の解答
355 ＺＦ集合論が無矛盾ならば

理論に命題Pを加える 357
公理系の完全性 358
コウちんのイス 361

第11幕
地球大統領との会見

地球大統領 366
ジツムゲンジャーの正体 367
おとり捜査 369
地球数学防衛隊の結成 371
闇の処刑人 373
脱獄 374
闇の黒幕 375
成熟した心 377
うきゅ〜の神様 379
バージョンアップ 380
ヒデの鉄則 382
依存命題 384
ヒデの否定則 387
４つの数学 388
公理の形 391
第５公準と平行線公理 393
地球数学防衛隊の解散 396
宇宙の平和 398

連続体仮説の追加 401
あとがき 404
著者紹介 411

第1幕

物理学講演会でのできごと

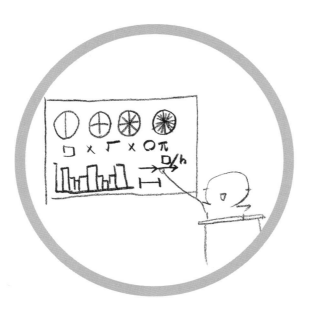

◆ 物理学講演会

　ガワナメ星では、物理学の講演会が開かれようとしています。
「今夜は、ノワツキ学校の数学教授であられるヒデ先生を特別にお招きいたしました。ヒデ先生、どうぞ」
　ヒデ先生は壇上に登りました。
「ただいま、ご紹介にあずかりましたヒデ先生です」
　最前列に座っている女子学生の間からクスクスという笑い声が起こりました。司会者は続けます。
「今日の演題は、『相対性理論を論破するためには、私たちは何をすべきか？』です。では、さっそく相対性理論の間違いを若い学生さんたちに教えていただきましょう」
「わかりました」
　ヒデ先生は襟を正して、講演を始めました。
「相対性理論は実に巨大な、そして異様な理論です。直観的には受け入れることに大きな抵抗を感じます。その抵抗とは、『ひょっとしたら矛盾しているのではないか？』という不信感に他なりません。そこで、多くの人が相対性理論の中に潜んでいるたくさんのパラドックスを見つけ出しました。しかし、残念なことに誰一人として相対性理論を完全に切り崩すことができませんでした」
　すぐにヤジが入りました。
「そりゃそうだ。相対性理論は100％正しいからな。こん

なのは常識だ」

　講演会では珍しいことです。どうやら、この会場に相対性理論の熱狂的な支持者が混じっているようです。

「常識を捨てろと言ったのはアインシュタインです。ここで、私は１つの提案をします」

　今度は、女性の声です。

「提案などしなくていいわ」

　ヒデ先生は無視して続けます。

「相対性理論を別の角度から見てみましょう」

「別の角度なんか、どうでもよい」

「そうだ。専門家でもない数学者が何を言うか！　こんな講演は止めろ！」

　今度はまた別の男性です。

「そうだ。数学者が物理学に口を出すな！　失礼だぞ！」

「そうだ、そうだ。なぜこんな講義をしているんだ。畑違いだろう！」

　この手の批判にヒデ先生は動揺しません。

「相対性理論を論破できなかった理由はただ１つです。それは、相対性理論の中に入り込んで、相対性理論の矛盾を暴こうとしたからです」

　再び、ヤジが入りました。

「矛盾を暴くためには、相対性理論の中に入り込まなければいけないんだよ！」

「虎穴に入らずんば虎児を得ず、ということわざを知らん

第１幕　物理学講演会でのできごと　25

のか！」

「それはまた意味が違います」

「やかましい。相対性理論を論破したかったら、正々堂々と相対性理論の中に入ってきて、矛盾を証明してみせろ！」

　いろいろな方向から罵声が飛び交ってくるので、講演がなかなか先に進みません。ヒデ先生は次第にイライラしてきました。

「その発想を変えていただきたいのです。相対性理論を論破するためには、相対性理論の中に入ってはいけません。相対性理論の外から壊すのです」

「どうやって？」

「相対性理論を支えている数学そのものを壊すのです」

「数学を壊す？　何を言っているのだ！」

　ヒデ先生はヤジに負けずに続けます。

「これから相対性理論を壊す人たちは、物理学者よりも数学者や哲学者になるかもしれません」

「専門外のやつらが相対性理論を破壊する？　そんなことは絶対に許さん！」

「まず、私の話を聞いてください。相対性理論には特殊相対性理論と一般相対性理論があります。手をつけやすいのは一般相対性理論です」

「へ～。特殊相対性理論から切り崩すのかと思っていたがな…その逆とは面白い発想だ」

26

「それも可能です」

　ヒデ先生はヤジにも反応します。

「しかし、一般相対性理論は『特殊相対性理論という矛盾
した理論』をさらに矛盾化させた理論です。だから、より
たくさんの矛盾を含んでいます。ということで、一般相対
性理論のほうが、突破口がたくさんあるのです」

「相対性理論には突破口など１つもない！　それは強固に
補強された最強の物理理論なのだ！」

「どんな理論にも弱点はあります。一般相対性理論は非ユ
ークリッド幾何学を使っています。この非ユークリッド幾
何学を切り崩すのが一番手っ取り早いでしょう」

「どうやって崩すのだ？」

「非ユークリッド幾何学の矛盾を暴きだせばいいのです」

「そんなことできっこない。世界中の数学者は非ユークリ
ッド幾何学が矛盾していないことを知っているぞ」

「いいえ、それは間違った考えです」

「間違いはお前だ！」

　今度は別の紳士的な人が聞いてきました。

「じゃあ、特殊相対性理論はどうやって崩すのですか？」

「今のは良い質問ですね」

　ヒデ先生も紳士的に答えます。

「相対性理論は、特殊相対性理論と一般相対性理論から成
り立っています。車でいうならば両輪です」

　ヒデ先生は最前列に座っている学生に聞きました。先ほ

第１幕　物理学講演会でのできごと　　27

ど笑っていた女子学生です。

「片方の車輪がなくなったら、車は正常に走ると思いますか？」

　女子学生は恥ずかしそうに答えました。

「走りません」

「そのとおりです。一般相対性理論が壊れたら、ほとんどの人は特殊相対性理論にも疑問を持ちます」

「疑問だけでは崩せないだろう？」

「おっしゃるとおりです。理論に疑問があるからといって、その理論が間違いであるとまでは言えません」

「じゃあ、どうやって崩すのだ？　俺は切り崩し方を聞いているんだ！　話をそらすな！」

　いきなり態度が豹変しました。ヒデ先生はびっくりしました。今度はまた別のヤジです。

「やい、ヒデ。お前の頭はどうかしているぞ！」

　しかし、誰がヤジを飛ばしているのかがわかりません。演者には明るい光が当たっていますが、聴衆の席は暗くて奥がよく見えません。後ろの方では誰かが携帯電話をかけているようです。

「もしもし、隊長。大変です」

「どうした？」

「ガワナメ星で変な講演会が開かれています」

「変な講演会？」

「例のヒデ先生ですよ。あいつが演者となって、相対性理

論の切り崩し方をみんなに教えています」

「なに！　すぐに止めさせろ！」

「みんなでヤジを飛ばしていますが、なかなか効果がありません」

「じゃあ、方針を変えろ。質疑応答の時間があるだろう。質問することによって逆に相対性理論が正しいことを聴衆に知らしめてやれ」

「はい、わかりました」

◆　討論会に変更

　ヤジで疲れたのか聴衆は少しおとなしくなりました。ヒデ先生はホッとして続けます。

「相対性理論が発表された当時から、相対性理論には２つの意見がありました。それは『相対性理論はとても素晴らしい』という意見と『相対性理論は何となくおかしい』という意見です」

　再び、ヤジです。

「それを決めるのは観測や実験である！」

「司会者にお願いします。講演会ではヤジを入れないようにしてください」

　司会者は仕方なく言いました。

「皆さん、静粛に。講演を邪魔する行為は慎んでください」

第１幕　物理学講演会でのできごと　29

急にシーンとなりました。
「では、続けます。『理論そのものが矛盾している（＝理論内にパラドックスが存在する）』と『理論と現実の世界が矛盾している（＝理論と観測結果や実験結果が食い違っている）』は異なった考え方です」
　そのとき、突然に１人の男性が立ち上がりました。
「ひとこと言わせてもらいたい。私はミンコフスキー博士である。相対性理論の世界的権威である」
　先ほどの携帯電話でしゃべっていた男です。質疑応答まで待てなかったようです。
「これはいったいどういうことですか？」
　ヒデ先生はびっくりしました。そして、司会者のほうを向きました。
「どういうこともこういうこともない。今から、これを講演会ではなく討論会に変更します」
　突然の変更にヒデ先生はびっくりしました。
「話が違います」
「そもそも、君は相対性理論の間違いを宇宙中に広めようとしているようだな。それが間違いなのだ」
「この講演会では、そのテーマで受けてくれてくれたのではないですか？」
「そんなことはない。パンフレットにも書いてあるだろう。君の講演の題目は『相対性理論を理解するためには、私たちは何をすべきか？』である」

「違います。私は『相対性理論を論破するためには、私たちは何をすべきか？』で講演をお受けしたのです」
「そんな演題を君に依頼するはずはない」
　いつの間にか、演題がすり変わっていました。
「たった今から、君の講演は無効だ。それが嫌なら出て行きたまえ」
　ヒデ先生はあたりを見回しました。薄暗い中で、みんなは異様な目つきでヒデ先生を見ているようです。明らかに場違いな雰囲気です。でもヒデ先生は帰りたくはありません。
「わかりました。討論会でけっこうです」

◆　噛み合わない根拠

「では、君の意見を聞こうか」
　司会者は改めてヒデ先生に発言のチャンスを与えました。
「私は、『相対性理論は間違っている（相対性理論には内部矛盾が存在している）』と主張しています。それに対して、今しがた発言されたミンコフスキー先生は、『相対性理論は正しい（相対性理論の予測と実験や観測の結果が矛盾していないから）』と主張しているようです」
「そうだ」
「つまり、…」

第1幕　物理学講演会でのできごと　31

ヒデ先生はホワイトボードに２つの意見の違いを書き比べました。サーサーというマーカーの音が聞こえます。

　【相対性理論を否定する者の主張】
　（パラドックスが存在するから）相対性理論は間違っている。

　【相対性理論を肯定する者の主張】
　（現実の世界を説明できるから）相対性理論は正しい。

「カッコの中は主張の根拠です。肯定する者と否定する者の主張がお互いにかみ合わないのは、その根拠が異なっているからです」
　ミンコフスキー博士はまったく動ぜずに答えます。
「私が相対性理論の論文に出会ったとき、それはそれはすさまじい驚きであった。相対性理論の素晴らしさを素直に感動できない哀れな君に申し上げよう。相対性理論が正しいという主張の根拠は、**証拠**（観測や実験による検証）に基づいている。一方、君の『相対性理論が間違っている』という主張の根拠は、**証明**（パラドックスの発生）に基づいていると言いたのだろう？」
「そうです。その通りです。本質をズバリついています」
　ヒデ先生は先ほど書いた内容を消して、新たに書き直しました。

【相対性理論が間違っているという主張の根拠】

相対性理論は間違っている。なぜならば、パラドックスが存在するからである。つまり、間違っているという**証明**がある。

【相対性理論が正しいという主張の根拠】

相対性理論は正しい。なぜならば、観測や実験で何度も検証されたからである。つまり、正しいという**証拠**がある。

「相対性理論が正しいかどうかの根拠としては、『証拠』よりも『証明』のほうが強力です」

「それを証明したまえ」

「え?」

「自分の意見が正しいと言いたければ、まずは証明すべきだ。『証明のほうが証拠よりも論理的に強い』ということの証明をしたまえ」

このミンコフスキー博士の要求にヒデ先生は戸惑いました。そんなことは考えてみたこともないからです。

「そもそも、君も知っているようにアインシュタインは超天才だ。凡人の君が相対性理論を論破できる可能性などまったくない。ゼロだ! 無駄な努力はしない方が身のためだぞ」

第1幕 物理学講演会でのできごと 33

◆ 相対性理論に入らない

　ヒデ先生は悔しまぎれに言い返しました。
「非ユークリッド幾何学や相対性理論などの理論が大成功
をおさめてきた理由は何だと思いますか？」
「何だ？」
「それは、これらが矛盾した理論だったからです。理論が
矛盾しているということに気がつかないうちは、さまざま
な難問を解いてくれる理論を素晴らしい理論と絶賛をして
しまうものでしょう。でも、矛盾はいつまでも隠し通せる
ものではありません。やがてはほころびが現れてきて、人々
は次第に疑いを持ち始め、そして最終的には矛盾をはっき
りと自覚できるようになります。人類は矛盾した理論にい
つまでも騙されているほど、愚かな存在ではありません」
「一番愚かなのは、相対性理論をまったく理解できない君
自身だ！　君のバカげた妄想も、そのくらいにしておきな
さい」
「そんなことはありません。ある理論が矛盾していること
を証明する場合、次の２つの方法があります」

（１）理論の中から、その理論の矛盾を証明する。
（２）理論の外から、その理論の矛盾を証明する。

「（１）は自己矛盾している理論内で行なう矛盾の証明です。

それに対して（2）はより広い視野に立った証明です。いずれにしても、その証明が正しければ両方とも有効です。つまり、中から証明されても外から証明されても、正しく矛盾が証明された以上は、その理論は矛盾しています」

　ヒデ先生は続けます。

「矛盾している理論を用いると、どんな命題でも証明できる可能性があります。ということは、矛盾している数学理論内では、その中で証明された矛盾が矛盾ではないことまで証明されてしまいます。したがって、中からの証明には限界があります」

　聴衆の1人が聞きました。

「これは、相対性理論の内部から相対性理論を論破することと関係しているのですか？」

「おおいに関係しています。相対性理論が矛盾しているかどうかは、相対性理論の中で議論しても無駄でしょう。相対性理論の外に出て、広い視野に立って相対性理論を評価しなければなりません」

　最前列の女子学生が聞いてきました。

「じゃあ、『相対性理論が矛盾していると言うのならば、相対性理論の中に入ってきて、その矛盾を証明してください』という要求は、矛盾した理論に相手を誘い込む罠なの？」

「その通り！　これは、アリジゴクのような罠です。この罠にはまってしまったら、逆に相対性理論を論破することはできなくなります。今までたくさんの人が相対性理論の

第1幕　物理学講演会でのできごと　　35

矛盾を指摘してきました。しかし、残念なことにみんなことごとく返り討ちにあって敗れ去っています。その最大の理由は、このような誘いに乗って相対性理論の中に入り込んだためです」
「じゃあ、どうしたらいいの？」
「相対性理論を論破するためには、相対性理論の中には一歩たりとも入ってはなりません。その代わり、相対性理論を支えている間違った数学理論を壊すのです。つまり、足をすくうのです」
　ガワナメ星のヒデ先生は、発想をガラリと変えました。相対性理論を壊す前に、まず相対性理論を支えている数学理論を壊すことを考えたのです。
「足をすくうなんて卑怯だわ」
　女子学生たちは、ヒデ先生のやり方に賛成できないようです。ヒデ先生は困った顔をしています。

◆　アリジゴク

「そうだ、その学生の言うとおりだ。卑怯な手段は相対性理論に合わない。よけいなことを考えなくてもいいから、相対性理論が矛盾していると言いたいのであれば、その矛盾とやらを相対性理論の中で堂々と証明してみせろ」
「しつこいですね。私を矛盾した理論の中に引きずり込も

うという作戦ですね。先ほども言ったように、この言葉を真に受けて相対性理論に入り込んだら、私は絶対に勝つことができません」

「それみろ。お前が間違っているからだ」

「そうではありません。最終的には水掛け論になるからです。水掛け論に持ち込まれると、相対性理論を論破することができない状態が延々と続くことになります」

「腰抜けめ。お前は反論されるのが怖くて相対性理論に入って来ないだけじゃないか。結局は、相対性理論がまったく理解できないから、一歩も入ることができないにすぎない」

「違います。相対性理論はそもそも初めから矛盾した理論です。問題は、相対性理論が矛盾していることをどのように理解するかです。相対性理論内部で水掛け論に陥るなら、とてもじゃないけど、内部から矛盾を証明することが不可能です。だからこそ、相対性理論の外から相対性理論の矛盾を証明しなければなりません」

「そんなことは認めない！」

「どうしてですか？」

「そのときは、数学基礎論が相対性理論を守ってくれるからだ」

　数学基礎論とは、数学の中でも最も基礎を扱う分野です。数学の哲学とも呼ばれます。

「どうやって数学基礎論は相対性理論を守ってくれるので

すか？」

「良いことを聞いてくれたな。数学基礎論の中にある1つの定義を使うのさ」

　そして、ミンコフスキー博士はその定義を披露してくれました。博士は、これ見よがしに数学基礎論の教科書を読み上げています。

　矛盾している理論とは、その理論の内部から矛盾が証明されて出てくる理論である。

「どうだ。これは数学理論に適用されているが、もちろん、物理理論にも適用されるべきだ」

　矛盾している物理理論とは、その理論の内部から矛盾が証明されて出てくる理論である。

「ふふふ、相対性理論の矛盾は、相対性理論の中からその矛盾を証明しなければならない。つまり、相対性理論の外から相対性理論の矛盾を明らかにすることは認められない」

「相対性理論の矛盾を指摘したかったら、相対性理論の中に入るしかないということですか？」

「そうだ」

「そして、その中に入ったら最後、せっかく指摘した矛盾も、矛盾した理論内の矛盾した論理展開で簡単に切り返さ

れてしまうということですね」

「よくわかったな。い、いや、そうではない」

「相対性理論につかまったら脱出できないという状況は、まるでアリジゴクです」

「いいや、ブラックホールと呼んでほしい」

「どうしてですか？」

「アリジゴクは相対性理論とは関係ないが、ブラックホールは相対性理論と密接に関係している専門用語だからだ。アリジゴクから這い出して生き延びるアリはいるだろう。しかし、ブラックホールはそうはいかんぞ。相対性理論に反対する者は、どんなやつでも生かして返さない」

　ヒデ先生は思わず身震いしてしまいました。

◆　数学が変わったら

「でも、数学が変わったらどうなるの？　『矛盾している数学理論の定義』が変わったらどうなるのですか？」

「そのような仮定の話はしたくない」

「でも、もしそうなったら？」

「しかたがないなあ。相対性理論の外から、その矛盾を指摘する方法が許されるようになるだろう。しかし、数学基礎論がそんな訂正を簡単にするはずはない」

「いやに自信たっぷりですね」

第1幕　物理学講演会でのできごと　39

「当たり前だ。『矛盾している数学理論』の定義は数学基礎論における基本だ。この定義を変えたら、今までの数学的証明が大打撃を受ける。今まで授与したフィールズ賞にも影響が出てくる。フィールズ賞にも傷がつくのだぞ！だから、定義を変えることなど、数学では絶対にしないはずだ」

「でも、間違ったことは素直に正すべきです」

「いったい、どういうふうに正すつもりだ？」

「素直な定義で十分です」

　ヒデ先生はホワイトボードに良識的な定義を書きました。

**　矛盾している理論とは、その理論の中に矛盾が存在する理論である。**

「素直すぎる！　こんな素直な定義は絶対に認められない！」

「確かに、当たり前過ぎる定義ですね。理論の内部矛盾は、必ずしもその理論の仮定から証明されて出てくる必要はありません。つまり、数学用語の定義を改良すれば、相対性理論の間違いを指摘するのに、必ずしも相対性理論の中に入らなくてもいいのです」

　誰かが叫びました。

「これは画期的なことだ！」

「そうです。内部に矛盾を抱えた理論は、己の内部矛盾を

うまく利用して、指摘された矛盾をいくらでも切り返せます。つまり、相対性理論のパラドックスを指摘しても『それは真のパラドックスではない』と反論されるだけです。今までの100年間、相対性理論はこうして生き延びてきました」

「生き延びてきたとは失礼な！」

「申し訳ありません。でも、実際、そうだから仕方ありません」

　これを聞いてミンコフスキー博士はブスッとしています。

「相対性理論は矛盾を指摘されても、必ず屁理屈で応戦してきます。その結果、水掛け論に陥ります。水掛け論で勝利するのは論理力の強いほうです」

「どっちの論理力が強いというのか？」

「矛盾を用いた論理の方が強いです」

「どうしてだ？　どうして、そんなことが言えるのだ？」

「正統派プロレスラーと反則技が自由に使える悪役プロレスラーが真剣にガチンコ勝負をしたら、反則技をいっぱい使えるプロレスラーのほうがきっと勝つでしょう」

「ということは？」

「こじつけの説明をいっぱい使っている相対性理論のほうが、正当な説明だけに制限されている無矛盾な物理理論よりも生き残れる確率が高いのです」

　ミンコフスキー博士は、会社で自分の失敗を素直に認める責任感の強い社員ほど、責任を問われて辞めさせられや

第1幕　物理学講演会でのできごと　41

すいこと、そして、失敗してもそれを認めずに、ああだこうだと言い訳するほうが会社に残って出世しやすいことを何となく感じました。

◆ 論理力の比較

ここで、理論の持っている論理力について考えましょう。数学理論でいう論理力とは証明能力のことですが、物理理論では現象の説明能力となります。

数学理論の論理力＝証明能力（命題を証明できる力）
物理理論の論理力＝説明能力（現象を説明できる力）

ここでは、まず数学理論について考えます。
一般論を言うと「命題Ｐを証明できる理論」のほうが「命題Ｐを証明できない理論」よりも強い証明能力を持っています。
そこで、２つの命題を組み合わせて、命題Ｐと命題Ｑを証明できるかどうかで分類します。

（１）命題Ｐを証明できず、命題Ｑも証明できない理論
　　→　証明能力の弱い理論
（２）命題Ｐを証明できないが、命題Ｑを証明できる理論

→　まあまあの証明能力を持った理論

（3）命題Pを証明できるが、命題Qを証明できない理論

　　→　まあまあの証明能力を持った理論

（4）命題Pを証明でき、命題Qも証明できる理論

　　→　証明能力の強い理論

　この分類は、任意の命題PとQで成り立ちます。そこで、Qに¬Pを代入してみます。

（1）命題Pを証明できず、命題¬Pも証明できない。

　　→　証明能力の弱い理論（証明も反証もできない理論）

（2）命題Pを証明できないが、命題¬Pを証明できる。

　　→　まあまあの証明能力を持った理論

（3）命題Pを証明できるが、命題¬Pを証明できない。

　　→　まあまあの証明能力を持った理論

（4）命題Pを証明でき、命題¬Pも証明できる。

　　→　証明能力の強い理論（矛盾が証明できる理論）

　これより、「自己矛盾を証明できない理論」と「自己矛盾を証明できる理論」を比較したとき、後者の証明能力のほうが強いことになります。言いかえると、矛盾した理論が最も証明能力も強く、それゆえに難問を次から次へと解いてくれることになります。つまり、最強の数学理論は矛盾

第1幕　物理学講演会でのできごと　43

した理論であり、その代表が無限集合論です。

　物理理論も同じであり、矛盾した物理理論が一番よく現象を説明できることになります。その代表が相対性理論です。

　数学において矛盾した理論は「何でも証明できる潜在能力を有する理論」であり、それゆえに、「理論の王者」でもあるように見える。物理学でいうならば、矛盾した理論は「森羅万象も説明できる可能性を秘めた万能理論の候補」でもある。

◆　矛盾している理論

　矛盾している理論には２つあります。

（１）理論内から矛盾が証明される「矛盾した理論」
（２）理論内から矛盾が証明されない「矛盾した理論」

　（１）の「理論内から矛盾が証明される矛盾した理論」とは、理論の仮定から矛盾が証明されて出てくる理論のことです。この具体例は、ラッセルのパラドックスが出てくる素朴集合論などです。
　（２）の「理論内から矛盾が証明されない矛盾した理論」

とは、理論の仮定から矛盾が証明されないけれども矛盾している理論のことです。この具体例は、平行線公理の代わりにその否定を仮定として持っている非ユークリッド幾何学です。『公理系の公理を 1 個だけ、その否定に置き換えた理論』からは、矛盾が証明されません。

　実は、相対性理論は上記の（1）と（2）の 2 つの性質を兼ね備えています。相対性理論の内部からパラドックス（矛盾）がたくさん証明されて出てきます。つまり、（1）です。一方、矛盾した理論では矛盾した証明も使い放題です。この性質を利用して、矛盾した理論を矛盾していない理論に見せかけることも可能です。つまり、理論内の自己矛盾を指摘されても、すぐに矛盾した論理で切り返します。これより、いくらパラドックスを指摘されても、のらりくらりと回避することができます。そして、次のように高らかに宣言します。

「それは真のパラドックスではない」

　これにより、相対性理論には表向きには矛盾が存在しないことになります。それゆえに、見かけ上は（2）です。

相対性理論は、理論内からパラドックスが証明される「矛盾した理論」である。しかし、矛盾した理論内では矛盾した証明も使い放題だから、パラドックスを上手に回避す

第 1 幕　物理学講演会でのできごと　　45

ることによって、見かけ上「無矛盾な理論」に見せること
もできる。

　ヒデ先生ははっきりと言いました。
「無限集合論や相対性理論がこれほどの大成功をおさめた
本当の理由は、己の理論が矛盾していたからです」

◆　拍手喝采

　ヒデ先生は、相対性理論の矛盾を簡単な実演で示そうと
しています。
「私たちは左手を止めて、右手だけを動かして拍手をする
ことができます。このとき、ニュートン力学では左手と右
手には時刻の差はまったく生じません」
「どういうこと？」
「簡単なことです。左右の手がぶつかったとき、両手はい
つも同じ時刻だからです」
　みんなは自分の両手を見つめています。
「しかし、相対性理論では時刻が次第にずれてきます。静
止している左手に対して、動いている右手の時刻が少しず
つ遅れてきます。その結果、左右の手がぶつかるたびに、
両手の時刻が毎回ずれてきます。これを認めることが正し
い物理学と言えるのでしょうか？」

46

あの女子学生がボソッとつぶやきました。

「言えないわ」

　ミンコフスキー博士は叫びました。

「そんな小さな時間差を観測できるはずはない。両手の時間差という観測できないことを言い出すな！」

「確かに相対性理論によれば、拍手するときの左右の手の時間差は無視できるほど小さいです。人間の寿命も短いので、観測できるほどの差が出るころには誰も生きてはいないでしょう。しかし、ちりも積もれば山となると言います。どんなに小さな時間差であっても、10億年も20億年も経つうちに大きな差となります。だから、『静止している左手と動いている右手の時刻の差は無視できるほど小さいので無視する』で済ますわけにはいきません」

「そうですね」

　今度は別の女子学生がヒデ先生に納得し始めています。

「いや、それはゴマカシだ。お前は人間が10億年も20億年も生きることができるという間違った前提で話をしている」

「おっしゃる通りです。しかし『そのパラドックスは無視できるほど小さい。だから、実際にはパラドックスは発生していないとみなす』という形でのパラドックス回避は良くありません」

　そのうち、ヒデ先生の講演を聞いている全員が納得し始めています。

第1幕　物理学講演会でのできごと　47

「そうだ、そうだ。相対性理論はおかしい」

「運動するたびに２つの物体の時刻がずれていくのであれば、この世の中は過去の物体と未来の物体とが入り乱れているはずです。相対性理論は、これを『矛盾でもなんでもない』と言っています。しかし、どう考えても矛盾そのものでしょう」

　ヒデ先生に対して拍手喝采が送られました。でも、みんなはヒデ先生を見ずに、自分の手を見ながら叩いています。

◆　正しい物理理論の条件

　正しい物理理論の定義は、第一に理論内に自己矛盾を含まないことです。なぜならば、矛盾している理論を用いて自然界を説明することは、物理学では決してやってはならないことだからです。これらを踏まえて考えると、正しい物理理論には２つの条件が必要です。

　第１条件：無矛盾性（矛盾が存在しないこと）

　理論が矛盾を含まないことは、物理理論を作るときの絶対的な条件です。矛盾していれば、どんな物理理論でも間違っていると言わざるを得ません。これは次の第２条件よりも優先します。

第2条件：問題解決能力（自然界を説明できること）

　物理理論の中に存在している数式を用いて計算し、理論値を得ます。次に、観測や実験をして現象を計測し、測定値を得ます。この理論値と測定値が近いと、自然界を説明することができたことになります。つまり、問題が解決したことになります。

　この2つの条件をクリアして、初めて正しい物理理論の仲間入りができます。ただし、どの正しい理論も自然界のすべての領域を説明できるわけではありません。そこで、次の3つ目の条件も必要になります。

第3条件：適用範囲内（極端な条件ではないこと）

　適用範囲とは、その物理理論で説明できる自然現象の範囲です。物理理論の数式には、使用できる範囲に制限があります。そのため、この範囲を超えると理論値と測定値が少しずつずれ始めるので、次第に正しい理論とは言えなくなります。したがって、次なることも言えます。

**　どの正しい物理理論も、適用範囲内でのみ成り立つ。**

　結局、正しい理論かどうかの判断は、上の3つの条件を考えながら、総合的に行なわれます。

第1幕　物理学講演会でのできごと　49

相対性理論からはたくさんのパラドックスが見つかって
います。つまり、第1条件に引っ掛かっています。これよ
り、相対性理論は明らかに間違った物理理論です。

◆　頭のペン

　ミンコフスキー博士はヒデ先生の弱点を突きます。
「現在では、さまざまな自然現象が相対性理論でうまく説
明されています。これらの説明が相対性理論の崩壊によっ
て不可能になります。これは、明らかな物理学の後退です
よ。このような学問の後退に対処するための、相対性理論
に代わる新しい理論をお持ちですか？」
「持っていません」
　あたりからざわざわとした話し声が聞こえてきます。
「つまり、相対性理論を壊すだけ壊しておいて、あとは知
らんぷりか？」
「無責任だ！」
「間違った理論は引っ込めればそれで済みます」
　さらにヒデ先生が詳しく答えようとしましたが、また、
野次が入りました。
「ヒデ野郎！　お前こそ、引っ込め！」
　さっきと違って、聴衆の目が異様な感じになってきまし
た。そして、ほどなくしてたくさんのペンがヒデ先生に降

り注いできました。

「危ない！」

　ヒデ先生はとっさに避けましたが、頭に激痛が走りました。どうやら、そのうちの何本かが頭に突き刺さ去ったようです。司会者は悠然と言いました。

「不測の事態が起こりましたので、討論会は中止とします。みなさんは、さっさと身支度をしたら気をつけてお帰り下さい。今日の討論会はとても有意義でした。ヒデ先生、どうもありがとうございました。最後にヒデ先生に盛大な拍手を…」

　女子学生たちはゲラゲラと笑いながら、盛んに手を叩いています。ヒデ先生の頭を見た司会者は言いました。

「抜かないほうがいいですよ」

　心配してくれている司会者に一礼をし、ヒデ先生は足早に自宅に帰って行きました。家に着くころには痛みも少し和らいできましたが、出迎えたマユ先生はびっくりしています。

「どうしたの？　頭にペンが３本も突き刺さっているわよ。それにしてもひどい傷よ」

　頭のペンを引き抜きながら聞きました。

「ところで、講演料はもらったの？　まさか、この３本のペンが講演料の代わり？」

「講演料どころじゃなかったよ。いつの間にか講演会のはずが討論会に変更されていたんだ。怖かった…」

第１幕　物理学講演会でのできごと　51

マユ先生は止血した後、ていねいに包帯を巻いていきます。一方、ヒデ先生は、抜いてもらったペンの中でまだ使えそうなものを選んでいます。

「講演の内容が内容だけに、風当たりが強いのはわかっていたが…これほどとは…な」

　ヒデ先生は、相対性理論を論破することの困難さと危険性を改めて感じました。

第２幕

地球数学防衛隊の結成

◆ 宇宙新聞

「朝刊で〜す」

　ヒデ先生の家に、いつも読んでいる宇宙新聞が配られました。コーヒーを飲みながらさっと目を通していると、片隅に公開試合の記事が載っていました。

「近々、地球という星で数学の公開試合が行なわれます。観覧ご希望の方は、近くのコンビニで前売り券をお買い求めください。対戦相手やチケット料金などの詳細は直接、コンビニにお尋ねください」

　ヒデ先生は、この変な記事を飛ばし読みしました。すると、次の日にはもっと詳しい記事が一面に出ていました。

「来る８月１日に地球で、ガワナメ星人と地球人との間で数学の公開試合が行なわれます。タイトルは実無限対可能無限です。実無限の正しさを主張する地球人のジツムゲンジャーが勝つか、可能無限の正しさを主張するガワナメ星人のヒデ先生が勝つか、今世紀最大の決戦です」

　自分の名前が出ているので、ヒデ先生はびっくりしました。すぐに新聞社に電話しましたが、対応に出た担当者は「そんな記事は知りません」と言うだけでした。

よくわからないまま、ヒデ先生はこの件については忘れるようにしました。

◆　緊急ニュース

　新聞を読み終えたヒデ先生はテレビをつけました。
「宇宙ニュースの時間です」
「始まったぞ」
　ヒデ先生は、真実を伝えてくれるニュースが大好きです。
「みんな、おいで」
「ヤダー」
　子どもたちは人生ゲームで遊んでいて、誰も来ようとしません。ヒデ先生は仕方なく1人でニュースを見ています。

「地球からお知らせいたします。たった今、緊急ニュースが飛び込んできました。宇宙の謎を解明しに行った3人の宇宙飛行士が逮捕されました」
　それを聞いていたヒデ先生はびっくりしました。
「逮捕されたのは、ボヤイ隊員、ロバチェフスキー隊長、リーマン博士の3人です」
「え〜」
「3人の宇宙飛行士は、宇宙の形を明らかにして、その直径を測るという重要な任務を負って地球を飛び立ちました。

第2幕　地球数学防衛隊の結成　　55

しかし、途中でその任務を放棄し、勝手に地球に帰還して
きました。その上『地球の数学は実無限に毒されている。
数学から実無限を排除しろ！』と、意味不明のことをわめ
いています」

　子どもたちもいつのまにか集まってきています。

「彼ら３人は長期の宇宙旅行で精神的に疲れており、最近
になってから『非ユークリッド幾何学は矛盾している。相
対性理論は矛盾している』と、うわごとのように繰り返し
ています。これは重大な発言であり、地球警察はとうとう
逮捕という最終手段に出ました」

　ニュースは続きます。

「３人は宇宙会議にかけられ、数学や物理学の転覆を企て
る反逆者として拘束されています。議会では彼らに対処す
るために、数学転覆罪を早急に立法化しました。この聞き
なれない罪状で彼らは、間もなく地下牢に収容されるそう
です。しかし、どこに収容されているかは明らかにされて
いません」

「大変だ～。実無限の矛盾と非ユークリッド幾何学の矛盾
を地球に持ち帰った後、地球では大変な事態になっていた
んだ～」

◆ コメンテーター

　このニュースは瞬く間に広がり、お昼のワイドショーを
にぎわしています。番組には4人のコメンテーターが呼ば
れています。無限集合論の専門家であるデデキント先生、
非ユークリッド幾何学の専門家であるクライン先生、相対
性理論の専門家であるミンコフスキー先生、そして子ども
たちに数学を丁寧に教えているシメ先生です。
「数学に関する発言をしたくらいで逮捕されるなど、聞い
たことがありませんなあ」
「まったくです。物理学で逮捕された人はいたけどな…なん
て言ったかなあ…あの人の名前は…」
「ガリレオです」
「あ、そうだ、そうだ。しかし、数学で逮捕とは…前代未
聞だ」
「彼らは、本当は数学転覆罪で逮捕されたのではなく、職
務放棄ではないのでしょうか？」
「職務放棄ならば、議会での立法化は必要ない」
「じゃあ、どうして？」
「数学転覆罪という罪状は、これらから彼らの真似をして
実無限を否定する若者たちが出てこないようにする布石で
はないのだろうか？」
　テレビでは、コメンテーターたちが話を盛り上げていま
す。特に、1人を除いた3人のコメンテーターは心変わり

した宇宙飛行士に立腹しています。

「宇宙飛行士が任務を放棄するなんて、とんでもないことだ。地球ではとうとう、数学と物理学に対して政治が動き出したんだ。物理学転覆罪もすでに議会に提出されているらしい」

「そしたら、相対性理論に反対している連中もどんどん逮捕できるようになる。これは実に良いことだ」

「でも、思想の制限につながる可能性があります」

　4人のうちの1人であるシメ先生だけは、宇宙飛行士のいうことに一理はあると擁護しています。

「いや、これはトンデモを取り締まるためには、ぜひ必要なことなのだ。そうでなくても、最近は『公理的集合論や非ユークリッド幾何学が矛盾している』とまで言いふらしているとんでもないやつらが出てきているのだからな。社会を混乱させる悪いやつを取り締まるのは、われわれ大人の役目だ」

　シメ先生は反論します。

「別に逮捕しなくても、無視すれば良いのでは？」

「今までは、それが通用していた。しかし、次第に無視できなくなってきたのだ」

「どうして？」

「トンデモの台頭は科学の危機を招く。無限集合論の崩壊は数学の崩壊を招き、相対性理論の崩壊は物理学の崩壊を招く。だから、早急な立法化が必要になったのだ」

「なぜ、宇宙飛行士たちは心変わりをしたのだろうか？」

「ガワナメ星に立ち寄ったとき、ヒデ先生に洗脳されたみたいだ」

「あの田舎星の田舎教師にか？　アンビリーバボー！」

「そんなことはありません。ひょっとしたら、実無限や光速度不変の原理に根本的な問題があるのかもしれません。私たちも素直な態度で見直しましょう」

「その必要はない！　実無限は完璧に正しい！」

「そうだ。非ユークリッド幾何学を否定することも許さない。相対性理論の根幹に関わることはすでに解決済みであり、今さら蒸し返すことは認められない！」

　３人はかわるがわるシメ先生をコテンパンにいじめています。はたして、今の数学や物理学に疑問を持つことはいけないことなのでしょうか？

　それでも宇宙飛行士たちの影響は大きく、最近になって地球では実無限に疑問を持ったり、さらには否定したりする若者たちが増えてきました。

◆　論理戦隊ジツムゲンジャー

　これに対して、実無限を守ろうとする過激な集団も作られました。それが、地球数学防衛隊です。

　地球数学防衛隊は、地球数学の平和を守ることを目的に

結成された集団で、その主な活動内容は実無限を守り可能無限を撲滅することです。

「地球の伝統的な数学を守ろう」

　これが地球数学防衛隊のスローガンです。隊員たち全員が、実無限の矛盾を暴露しようとする無礼な宇宙人を絶対に許さないという強い意志を持っています。

　さらに、地球の数学が矛盾しているといつまでも騒ぐようならば、そいつを始末しようという過激な集団に変わってきました。その中でも、特に訓練された５人の精鋭部隊があります。それが子どもたちの憧れの的になっているジツムゲンジャーです。彼らは論理戦士と呼ばれています。そして、彼らは口癖のように叫んでいます。

「ジツムゲンジャーは正義のために戦う」

　マスコミもこれに同調しています。

「実無限を守ることによって無限集合論を守り、非ユークリッド幾何学を守ることによって相対性理論を守る地球人の鑑、その名は地球数学防衛隊！」

　最近、テレビのＣＭでジツムゲンジャーが盛んに出てきます。企業もこれに乗じて、いろいろな商品を開発しています。ジツムゲンジャーをかたどったジツムゲンチョコが発売され、色鮮やかなジツムゲンジュースもおいしそうです。そして、ＣＭはだんだんと派手になってきて、相当な宣伝費を使っていると思われます。

　そして、とうとう連続番組が始まりました。それが毎週

60

日曜日の朝に放映されている「論理戦隊ジツムゲンジャー」です。

「地球人の中でも飛びぬけてＩＱの高いジツムゲンジャーは、間違った数学を広めようとする悪い宇宙人を退治する。そのために、今日も宇宙を飛び回る！」

　破壊的な論理怪獣が地球の数学と物理学を足で踏むつぶし、縦横無尽に暴れ回っています。そこにジツムゲンジャーが現れて、血も涙もない論理怪獣を豪快にやっつけてくれます。最近では多くの大人たちも見ていて、論理怪獣が倒されるたびに子どもたちと一緒になって喜び合っています。

◆　可能無限狩り法案

　実無限を排除したら、地球の数学や物理学における多くの理論がいっせいに壊れ始めます。地球政府の科学省は、この事態を重く受け止めて緊急会議を開きました。

「科学大臣！　地球の数学と物理学が危機に瀕しています。地球政府としては、このまま傍観しているわけには行きません。実無限を守るためにも、可能無限を排除すべきです」

「そんなこと言っても、昔から可能無限は数学の根幹を成している。だから排除はできないであろう」

「だったら、その代案として可能無限を信じている人々を

排除しましょう」

「それは一時しのぎの手段では？」

「科学大臣！　何をのんきなことを言っているのですか！何でもいいから手を打たないと、本当に実無限は可能無限にぶっつぶされますよ！」

「しかたがないなあ…」

　この緊急会議の模様は宇宙中に公開放映されました。

　こうして、地球では可能無限狩り法案が提出され、あっという間に議会を通過し、とうとう正式に発令されました。

　有識者たちは人権に触れると反対しました。しかし、そんなことは言っていられません。数学が崩壊したら、その日から人々はいっさい計算できなくなり、無理数はもちろんこと、分数すら存在しない原始時代に舞い戻るという噂が流れているからです。

　科学省はこのようなデマを信じないように広報に努めています。しかし、相対性理論が間違っているとわかった途端にカーナビが作動しなくなると信じている人が多いようです。ある平和運動家は、相対性理論が崩壊すれば原子爆弾も爆発しなくなると喜んでいます。

　人々は、いったい何をどこまで信じていいのかわからず、町はパニックに陥っています。このような混乱した状況を伝えるために、各テレビ局は生中継で街頭インタビューをしています。

◆ 街頭インタビュー

「相対性理論が崩壊したら、カーナビが正常に作動しなくなるそうです。そしたら、あなたはどうしますか？」

「もう旅行にも行けなくなる。私の趣味は旅行だ。ぜひとも、相対性理論は残してもらいたい」

　各旅行会社は生き残りをかけて、相対性理論を支持しています。各店舗の入り口には「相対性理論を残そう。そうしないとカーナビが動かない」という横断幕や旗が無数にたなびいています。

「みんな言っているぞ。相対性理論が崩壊したらカーナビが作動しなくなると」

「そんなデマを信用してはいけません」

「デマなのか？」

「人間はいったいいつになったらこのような非科学的なデマから解放されるのですか？　相対性理論がなくなっても、われわれの生活は何も変わりません」

「しかし、相対性理論がなくなると、相対性理論の中で使われている数式が使えなくなる。すると、車の位置を計算することもできなくなってしまう。それを無理に計算させようとすると、カーナビが煙を出して壊れてしまうと言われているぞ。あの高価なカーナビが世界中でいっせいに壊れるそうだ」

「いいですか。私たちは相対性理論の許可を得なければ相

対性理論の中で使われている数式を使っていけないわけで
はありません」
「しかし、相対性理論が崩壊した後にその中の数式だけを
残して使うことは、道義的にいけないことではないか？
相対性理論に対して失礼ではないのですか？」
「矛盾した理論に義理立てする必要はない！」
「なにおー！　相対性理論はわれわれに夢を与えてくれた。
その夢をぶち壊すな！」

　チャンネルを変えると、その番組でも同じように相対性
理論特集を組んでいました。やはり、街を歩いている人々
にマイクを向けています。

「あなたはどう思いますか？」
「相対性理論は是非とも、このまま存続させるべきである」
　しかし、次の人に街頭インタビューが行なわれたとき、
テレビ局は即座に別の放送に切り替えました。その内容と
は、次のような答えでした。
「相対性理論が崩壊するとカーナビが動かない？　そんな
バカな。ニュートン力学が誕生していなかった紀元前に、
すでに日食が正確に予測されていたのを知っているだろう。
これは天動説で言い当てたんだ。ニュートン力学がなくて
も日食は起こる。相対性理論がなくてもカーナビは作動す
る」

これがテレビで報道されたとき、科学省はその顔から身元を割り出して、彼を相対性理論再教育センターに連れて行きました。その後の彼の消息はいまだに不明だそうです。

◆　防衛隊員募集

　ビルの一室で秘密会議が開かれています。
「ヒデ先生を中心とする一派は地球にまで干渉してきて、われわれの数学をのっとろうとしている。可能無限狩り法案も無事に通過した。めでたし、めでたし。そこで、地球数学防衛隊をさらに強化したい。そのためにも、もっともっと隊員数を増やそう」
「それはいい。大々的にテレビでコマーシャルを放映し、隊員も募集しよう」
「では、新聞にも募集広告を出し、町にも張り紙をベタベタ貼ろう」
「それはいい、ノルマは１人10枚だ」
「はい」

地球数学防衛隊に入りたいと思う
数学の得意な人を大募集!!

　悪い宇宙人から実無限を守る防衛隊員を募集しています。どしどし応募してください。応募条件は、数学の成績が良いこと、そして実無限を正しいと信じていること。もしジツムゲンジャーに昇格すれば、さらにユニフォーム（着色された包帯）と同色のシューズやソックスは無料で支給されます。

　さらに、コマーシャルでは優遇された勤務条件をも提示しています。なんと優秀な隊員は住み込みで、まかないつきで、お小遣いももらえるそうです。

　しかし、地球数学防衛隊に入る前に難しい入隊試験があります。せっかく入っても、さらに半年ごとの厳しい選抜試験 —— 筆記試験と面接試験 —— が全員に課されます。そして、実無限に忠誠心を誓う成績優秀者上位5名のみがジツムゲンジャーになれます。数学の成績が悪かったり、面接でガッツがないとわかったりすると、今度は別の優秀な隊員がジツムゲンジャーになってしまいます。

　そして、「地球数学防衛隊のただの隊員」と「論理戦隊ジ

ツムゲンジャー」とでは、天と地ほどの待遇の差があります。ジツムゲンジャーになれば、テレビにだって出られるし、イベントでも引っ張りだこです。もちろん、収入も大幅に増えます。だからこそ、隊員たちはこぞって一生懸命に数学を勉強しています。

　今では街中のいたるところで、防衛隊員の募集も行なわれています。公園のベンチに腰掛けていると、スカウトマンから隊員募集の声をかけられます。さらには、旅客機の中でも募集が行なわれています。
「どなたか、どなたかお客様の中で、数学が得意な方はいらっしゃいませんか？」
　ときどき、反応があるそうです。
「はい、数学が得意なヤマダです」

◆　ジツムゲンソング

　ジツムゲンジャーは、自分たちをたたえる歌を作ろうと考えています。
「こんなのはどうだ？」

　ジツジツジツジツ、ジツムゲンジャー、ジャージャージツムゲンは、数学の難問を解く。

第2幕　地球数学防衛隊の結成　67

ジツムゲンは、数学の未来を切り開く。

ジツムゲンは、数学の救世主。

ジツジツジツジツ、ジツムゲンジャー、ジャージャー

「それはいい。さっそくジツムゲンソングとしてＣＤに吹き込んで、宇宙中に配ろう」

ジツムゲンジャーの行動は素早いです。あっという間にレコーディングが始まりました。そして、でき上がったかと思うと、もう宇宙中に流れています。そして、いつの間にか大人気となり、宇宙人たちは好んでジツムゲンソングを口ずさむようになってしまいました。もう、こうなるとその勢いはとどまることを知りません。

とうとう、このジツムゲンソングはユニバーサルベストヒット賞を取ってしまいました。この賞は、宇宙で一番売れたＣＤに与えられる最高栄誉の音楽賞です。

ちまたでは、とても評判が良いそうです。

「ジツムゲンソングを聴いていると、数学の勉強がはかどります」

そう評価する受験生が多いそうです。

◆　合言葉

ＣＤの売り上げナンバー１の勢いに乗って、さらに気合

が入ります。

「さあ、気合いだ」

「さあ、合言葉だ」

5人のジツムゲンジャーは、それぞれ腰からポインターを抜きました。ポインターとは学会発表をするときなどに使う長い指示棒であり、学校の先生がスクリーンを用いて説明するときに使うことがあります。今では、それがレーザーになっています。

みんなでポインターのスイッチを入れて、その先端を1点に集めました。すると、それは驚くほどに赤く輝き始めました。その光がみんなの瞳に映っています。みんなは燃えています。

「正しいのは実無限じゃあ！」

「ジツムゲンジャー！」

「実無限を守るんじゃあー！」

「ジツムゲンジャー！」

「可能無限をぶっつぶすんじゃあー！」

「ジツムゲンジャー！」

「無限集合論を守るんじゃあー！」

「ジツムゲンジャー！」

「対角線論法を守るんじゃあー！」

「ジツムゲンジャー！」

「非ユークリッド幾何学を守るんじゃー！」

「ジツムゲンジャー！」

第2幕　地球数学防衛隊の結成　69

「相対性理論を守るんじゃー！」

「ジツムゲンジャー！」

「エイ、エイ、オー！」

　この後、ジツムゲンジャーは可能無限をぶっ壊しに行きました。

◆　実況中継

「ここで、地球数学防衛隊がスポンサーになっているジツムゲンニュースをお送りします。地球では、大きな嵐が吹き荒れています。それは数学の革命を企てる者たち ―― 地球から実無限を排除して、可能無限だけの数学に作り変えようとする人たち ―― への弾圧です。地球政府は、可能無限を主張する人たちをどんどんつかまえて、実無限を信じるようにマインドコントロールし始めました。ちまたでは、これを可能無限狩りと称しています。これを認める法案もすでに成立しています」

「可能無限狩りだって？」

　実況中継を見ていたヒデ先生のカップを持つ手は震えています。コーヒーが少しこぼれ落ちました。

「こんなことがあってはいけない。地球の数学は何かが根本的に狂っている」

　ヒデ先生は、逮捕された３人を救う決意をしました。そ

して、地球人全員にわかってもらうためには、地球の数学を一度バラバラに分解して、根本的に作り直すことを決意しました。しかし、ニュースは続きます。

「そ、そ、それでは、実況中継をどうぞ」

「はい、現場のキャスターです。今ここで、有志で結成されたジツムゲンジャーによる可能無限狩りが行なわれています。どのようなものか、生でお伝えしたいと思います」

◆ ショータイム

「照明さん、いいですか？」

「はい」

「カメラさんは？」

「ＯＫです」

「では、ショータイムだ。可能無限狩りの始まりだ！」

　ドンドン

　色とりどりの服装をした５人の集団が、次から次へと家のドアをたたいています。その後ろから大勢のスタッフが撮影しています。

「こんな時間に誰かしら？　は～い」

　ドアを開けると、いきなり全身が真っ白い人が入ってきました。その後ろにもカラフルで怪しげな人が立っています。

第２幕　地球数学防衛隊の結成　71

「いったいあなたたちは誰ですか？　警察を呼びますよ！」

「地球数学防衛隊のジツムゲンジャーだ」

「ジツムゲンジャー？　ジャーの訪問販売ですか？　うちにはもうありますから、けっこうです」

「訪問販売ではない。私はジツムゲンジャーのリーダーであるジツムゲンホワイトだ」

　そう言って、ホワイトは身分証明書を提示しました。そこには、地球数学防衛隊のマークが入っており、しかも、可能無限排除許可書もちらつかせました。

「こちらは私の部下のジツムゲンレッド、隣がジツムゲンブルー、その隣がジツムゲンイエロー、その隣がジツムゲンピンクです。みんなも頭を下げなさい」

「は〜い。よろしくお願いいたします」

　カラフルな服装が一斉に頭を下げています。

「あら、いったいなんのご用でしょうか？」

「実無限は正しいか？」

「正しいと思うわ」

「よし、次の家」

「あら、もういいの？」

「ああ、用は済んだ」

「上がってお茶でも飲んでいってください。うちの子どもは今３才ですが、なんとかジャーが大好きなんです。毎週日曜日の朝には欠かさず見ています。喜びますから、ぜひ、ゆっくりしていってください」

72

「われわれは忙しい。子どもの相手をしている暇はない。
よし、隣の家に行こう」
「あらまあ」
　ジツムゲンジャーは足早に隣の家に行きました。
　ドンドン
「実無限は正しいか？」
「わからない」
「再教育センターに行くように」
　ジツムゲンレッドは、用紙に必要事項を記入して渡しま
した。
「よし、次の家」
　ドンドン
「実無限は正しいか？」
「いいや、間違っていると思う」
「連行しろ」
「いったい、どこに連れて行くというのだ？」
「心配するな。実無限が正しいことを、みっちり教えてや
る」
「私には仕事がある」
「じゃあ、１時間コースにしよう」
「他にどんなコースがあるのだ？」
「１日コースと１週間コースと１か月コースがある」
　ジツムゲンピンクはすり寄ってきて優しく言いました。
「１か月コースを選択すると、おまけがついてきま〜す」

第２幕　地球数学防衛隊の結成　　73

「では、わしは１か月コースで」

「お父さん、行かないで〜」

　ドンドン

「可能無限と実無限、どっちが正しい？」

「実無限よ」

「よし、次の家」

　ドンドン

「可能無限と実無限、どっちが正しい？」

「可能無限だと思うわ」

「よし、引っ立てろ！」

「やめて〜。お母さんを連れて行かないで〜」

「子どもを引き離せ！　こいつを車に連れ込んだら、次の家に行くんだ」

　ドンドン

◆　ジツムゲンごっこ

　子どもたちは、ある遊びに夢中になっています。それが、今大流行しているジツムゲンごっこです。色とりどりの原色のタオルケットを身にまとい、子どもたちは各家庭を訪問します。そして、尋ねます。

「実無限が正しいか？　可能無限が正しいか？」

　対応した大人が実無限を選択すると、それでおしまいで

す。このとき、大人は飴やお菓子を子どもたちにあげなければなりません。

　可能無限を選択すると、罰ゲームとして近くの公園に連れて行かれ、実無限の正しさをコンコンと説教されます。多くの大人たちは、このジツムゲンごっこを嫌がっています。

　しかし、これを楽しんでいる人もいます。一人暮らしのお年寄りなどは、小さなジツムゲンジャーがやってくると喜んで可能無限を選択し、公園に連れて行かれて子どもたちとじゃれ合っています。

　ジツムゲンごっこは、いつの間にか地球で大ブームを巻き起こしています。それに伴って、ジツムゲングッズが飛ぶように売れています。子どもたちの多くはカントールのブロマイドを持っており、それをヒルベルトやゲーデルのブロマイドと交換し合っています。男の子たちは、ブロマイドでめんこをしています。

　そして、どちらが論理的に上か、とうとうゲームも出てきました。ゲームコーナーには論理対決に関するゲーム機がたくさん置いてあり、そこではカントールとクロネッカーの戦いや、ヒルベルトとブラウアーの戦いがいつでも楽しめます。

　各数学者のカードもたくさん販売されており、実無限と可能無限の戦いは一大商戦をなしています。この巨大なマーケットを誰が制するのか、たくさんの企業がいろいろと

第2幕　地球数学防衛隊の結成　75

工夫を凝らしながら参入し、子どもたちが数学をより楽しめるようにしています。

　それに伴って、ゲーム機が今までとは一味変わった進化を始めてきました。今までのように指を使って楽しむゲームから、頭を使って楽しむゲームに変化しつつあります。これらは論理ゲームあるいは詭弁ゲームと呼ばれています。こうして実無限バーサス可能無限は、21世紀最大のヒットゲームとなりました。

◆　論理戦争

　ジツムゲンジャーの番組は続きます。ヒデ先生は、今度は特別番組「ジツムゲンジャーの秘密」を見ています。番組では、地球を守る論理戦隊ジツムゲンジャーたちを紹介しています。
「彼らの持っている魅力は見事に鍛え上げられた脳細胞であり、その正確ですばやい思考が最大の武器です。地球の数学を脅かそうと、宇宙からやってくる恐ろしい宇宙人を、ものの見事に返り討ちしてくれるたくましい論理戦士です」
　司会者はさらに続けます。
「では、5人の論理戦士たちを紹介します。ジツムゲンジャーのみなさん、出てきてください！」
「は〜い」

「では、みなさんに自己紹介をしていただきましょう。まずは隊長から、よろしいでしょうか？」

「むろんだ。私はジツムゲンジャー隊長のジツムゲンホワイトである。論理に関しては宇宙一の天才である」

　見るからにミイラです。普通、ミイラは痩せていますが、少しぽっちゃりしています。

「俺はジツムゲンレッド。悪い宇宙人から美しい地球数学を守る熱血漢である」

　全身から熱気がほとばしっています。

「わしはジツムゲンブルー。実無限を攻撃してくる宇宙人を蹴散らしてやるわ」

　実に冷静沈着です。

「僕はジツムゲンイエロー。実無限を理解できない低レベルの宇宙人をケチョンケチョンに懲らしめてやる」

　そう言って、ぴょんぴょん飛び跳ねています。とても明るいおどけものです。

「私はジツムゲンピンク。ジツムゲンジャーの紅一点よ。実無限を破壊しにやってくる宇宙人を、お色気作戦でメロメロにしてあげるわ〜」

　美人という噂のある女性戦士で、腰をクネクネ動かしています。ヒデ先生は面白がって見ていますが、子どもたちは恥ずかしがって顔をそむけています。

「いやー、皆さんは本当にたくましいですね。論理戦隊ジ

ツムゲンジャーに任せていれば、実無限を中心とする地球の数学は永遠に安泰です。今日はこの辺で皆様とお別れしたいと思います。では、また来週…」
「ちょっと待て」
　突然にジツムゲンホワイトが司会者をさえぎりました。どうしたのでしょうか？
「われわれは、悪い宇宙人が地球を攻撃してくるのをじっと待っていたりはしない。こちらから攻撃をしかけてやる」
　ゲストの突然のアドリブに、司会者は固まってしまいました。
「やい、ガワナメ星のヒデ先生！」
　宇宙テレビで名指ししています。
「地球の数学を攻撃してくる宇宙人とは、お前のことだ！」
　今後は、ガワナメ星でテレビを見ていたヒデ先生が固まってしまいました。
「俺はお前に、論理戦争を仕掛ける！」
　なんと、宣戦布告です。
「地球に出て来いやー！　俺が論理でコテンパンにのしてやる！」

◆ 挑戦状

　これを聞いたヒデ先生は、顔が次第にひきつってきました。

「地球の実無限が勝つか？　お前の星の可能無限が勝つか？　これは、宇宙で生き残れる星を決める論理的な戦いだ！　地球とガワナメ星の論理戦争だ！」

　ヒデ先生はテレビに向かってつぶやきました。

「戦争はいやだ…」

「もし俺に勝てば、３人の宇宙飛行士を釈放する」

「なに〜？」

「３人は今、実無限を信じるように洗脳しているところだ。すぐに止めさせたければ、俺の挑戦を受けてみろ！」

「よし、受けてやろうじゃないか！」

　そうテレビに向かって叫んだ途端に、ファックスの器械がカタカタと鳴りました。コウちんはすばやくファックスのところに走って行き、それを取ってきました。

「地球から届いたよ」

　そう言って、１枚目を見せました。

果たし状

論理戦隊統括総司令官

ジツムゲンホワイト

貴殿の主張する可能無限が正しいか、それとも地球数学を支えている実無限が正しいか、みんなの前で勝負をしようではないか。もし公開試合を受けて立つならば、２枚目の用紙の署名欄にサインをして、すぐに返信してください。よろしくお願いします。

　これを読んでコウちんは２枚目のファックス用紙を取りに走りました。それは果たし状の承諾書になっていました。

```
        承諾書
┌─────────────────────────┐
│                         │
│  貴殿の挑戦を(受けて立ちます・辞退い  │
│  たします)                │
│                         │
│                         │
│                         │
│         日付             │
│         署名欄           │
│                         │
└─────────────────────────┘
```

　ヒデ先生は「受けて立ちます」に丸をつけ、日付とサインも書き加えて、すぐに返信をしました。
「さあて、どう戦うかが問題だ」

◆　お迎えのUFO

　これから公開試合の戦略を練ろうとしたとき、家の外でクラクションが鳴りました。みんなが窓にかけよると、小さなUFOが空中に浮かんでいます。他の星からの訪問者のようです。

　みんなが表に出てみると、UFOから1人の恰幅の良い紳士が下りてきました。宇宙服ではなく、背広を着てネクタイを締めているので、みんなはビックリしました。
「初めまして。私はノイマン司令官といいます」

　ニコニコしながら近づいてきて、握手を求めてきました。そして、1人1人としっかり握手しています。
「何の司令官でしょうか？　何のご用でしょうか？」
「実は、あなたのファックスを受け取りまして、数学の公開試合のご招待にまいりました」
「えー、早過ぎ」

　ヒデ先生は改めて窓の外から室内のテレビを見ましたが、とっくにその番組は終わっていました。
「ジツムゲンレッドも一緒なの〜？」

　コウちんはジツムゲンジャーに会いたいようです。特に、赤いジツムゲンレッドが大好きです。
「地球でお待ちしています」
「行こう〜。行こう〜」

　ヒデ先生も心から地球が好きなので、とても行きたいよ

82

うです。

「では、全員でＵＦＯに乗り込もう」

「それは困ります。ＵＦＯは狭いから、ヒデ先生１人にしてください」

「子どもたちが行かないのなら私も行かない～」

　ヒデ先生はまるで子どものように駄々をこねています。ノイマン司令官は困ってしまいました。どうやら、ヒデ先生１人だけを連れて行きたいようです。

◆　地球へ出発

　ノイマン司令官は、何とか断ろうとしています。

「無理だよ。このＵＦＯを見てごらん。２人乗りだ」

　でも、子どもたちは食い下がります。

「もう、こんなに小さな宇宙船で迎えにこないでよ」

「そんなこと言われても…」

　ノイマン司令官は困った顔をしています。

「５人みんなじゃないと行かないよ～」

　コウちんまでも駄々をこね始めました。

「５人で？」

「そうだよ～。ヒデ先生、マユ先生、サクくん、ミーたん、そしてコウちんだよ」

　まだ、自分をコウちんと呼んでいます。

第２幕　地球数学防衛隊の結成　83

「コウちん、マユ先生は外出中だよ」

「あ、そうか」

　いつまでも乗り込もうとしないので、ノイマン司令官は折れました。

「わかった。望み通りにしてやる」

　そして、なにやら呪文を唱えています。

「バナッハタルスキー、バナッハタルスキー、バナッハタルスキー、…」

　すると、ＵＦＯが分裂して２台に増えました。

「すごい。アメーバみたい～」

「ヒデ先生はこちらに乗ってください。その他の人はもう１台に」

「どうして？」

「私はヒデ先生と２人だけで、数学についてじっくりと話をしたいのだ」

「でも、もう１台は４人乗るのに小さいよ」

「そうだな。でも心配ない。みんなが乗れるように大きくしてやる」

　そして、再び、呪文を唱えています。

「ビッグバン、ビッグバン、ビッグバン、…」

　すると今度は、ＵＦＯは何倍にも膨張しました。

「すご～い。風船みたい～」

「これで全員乗れるから大丈夫。自動操縦装置が君たちを地球まで連れて行ってくれるよ。一応、地球に着いたら怪

しまれないように、特殊な透明加工もしてあるよ。着地と
同時に自動的に透明になるからね」

「は〜い」

　ノイマン司令官とヒデ先生は小さなＵＦＯに一緒に乗り
込みました。そして、２人の乗ったＵＦＯはスーッと空の
かなたに消えてしまいました。

「こっちには私たちが乗りましょう。そうだ、こういうと
きのために、マユ先生がお弁当を５つ作っていたから、一
緒に持って行こう」

「マユ先生が外出から帰ってくるまで待っていてくれない
か」

　でも、やんちゃな子どもたちは次第にしびれを切らして
きました。

「マユ先生は遅いよ〜。ＵＦＯに乗ってみようよ〜」

「いいだろう。乗るだけならかまわない」

　サクくんの許可を得たミーたんとコウちんは、ＵＦＯに
乗り込みました。サクくんは外でＵＦＯに寄りかかって、
マユ先生に電話をかけています。

　ところが、操縦席に座ったコウちんは、突然あちこちの
ボタンやレバーをいじり始めたではありませんか。ミーた
んは驚いてすぐに止めさせようとしました。しかし、もう
時は遅し…ＵＦＯは猛スピードで回転を始めました。

　外にいたサクくんは驚いてＵＦＯに飛び乗ろうとしまし
たが、遠心力で遠くに飛ばされてしまいました。そして、は

るかかなたでキラリと輝いたかと思うと、そのまま消えて
しまいました。
「大変、このスピードなら、サクくんはきっと異次元に飛
ばされたのよ。すぐに助けに行かないと死んでしまうわ。早
く、サクくんを追いかけてちょうだい」
「どうやって？」
「私にもわかんないわ」
「じゃあ、これとこれを押してみよう」
　コウちんはそのへんのボタンを次々に押しています。す
ると、偶然にもＵＦＯはサクくんの後を追うように消えて
行きました。

第３幕

地球人との公開試合

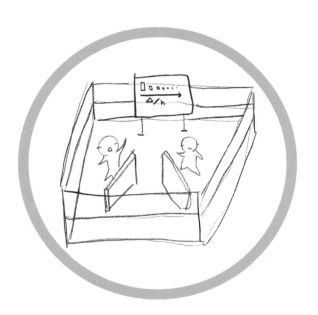

◆　地球アリーナ

　ヒデ先生の乗ったUFOは試合会場に着きました。そこは地球アリーナという名前のイベント会場です。その周りには多くの宇宙人が集まって、とても賑やかです。特に親子連れが目立ちます。

　大道芸人も多く、ジャグリングをやっていたり、トランポリンをやっていたりしています。タコのような宇宙人は、8本の手を使って手品をしています。

　建物の周辺には綿菓子、チョコバナナ、お面などのたくさんの露店が並んでいます。文房具売り場では、さまざまなグッズが販売されています。まず。定番はカントールグッズです。カントールのイラストが描かれている下敷き、シールなどが好評な売れ行きです。そして、ヒルベルトの顔が描かれている筆箱、ノートなども人気です。ノイマンの貫録ある姿が描かれているランドセルや手提げカバンも根強い人気を保っています。ツェルメロの運動靴は、履くと速くなるという噂があって、瞬く間に売れてしまいます。おもちゃ売り場では、ゲーデルのフィギュアがすごい売れ行きです。

　ジツムゲンジャーのグッズもこのところ人気上昇中です。ジツムゲンホワイトをあしらったホワイトグッズが売れに売れています。ホワイトグッズの値段はどれも2万ユニバースです。ユニバースとは、全宇宙で共通する通貨の単位

です。キーホルダーもけっこう高いです。それでも、「ホワイトグッズが少ない」と怒っているおじさんがいます。それは、黒いサングラスをかけたジツムゲンホワイトのようにも見えます。その人は隣の店に行ったかと思うと、そこでももめています。

「チョコバナナは、ホワイトチョコにしろって言っただろう！」

　一方、お店の片隅にはヒデグッズが置いてありますが、実に粗末なものばかりで、値段はたったの２ユニバースです。ヒデ先生の似顔絵がプリントされたＴシャツはまったく売れていません。売り場の片隅でほこりをかぶっています。

　ヒデ先生は、その近くにある古ぼけた小屋に案内されて、試合の事前説明を受け始めました。試合に招待されたゲスト選手としては、どうも対応がお粗末なような気がします。そして、古ぼけた赤いガウンを羽織らされました。

「はい、リハーサルです。ガワナメ星人はこちらに来てください。では、歩く練習です。ハイ、右足を出して、次は左足！」

　監督みたいな人が指導していますが、どうも緊張して手と足がうまく連動しないようです。

「とろい！　やり直し」

　果たして、こんなことで試合時間に間に合うのでしょうか？

◆ テレビ放映

建物の中に入ると巨大な試合会場があります。天井は高く、階段状の観客席は5階近くまであります。すでに、多くの観衆が座っており、みんなの顔にはライトがまぶしく照らされています。

会場の中央にはロープが張られた四角いリングがあり、リングの中央にはホワイドボードとスクリーンが設置されています。

さっそく試合会場にはテレビが入りました。リングの周りではたくさんのテレビカメラが回り、カメラマンたちは盛んにフラッシュをたいて撮影をしています。マイクを持っている男性がしゃべり出しました。
「司会者兼審判員のエルデシュです。よろしくお願いいたします」

審判は、風来坊の論理戦士として有名なエルデシュ審判です。エルデシュ審判は、家も家庭も財産も持っていません。いつものよれよれのコートを着て、サンダルを履いています。そして、身の回りの品をちょっと詰めただけの粗末なスーツケースとオレンジ色のビニール袋を持っています。

エルデシュ審判員は、このかっこうで宇宙中を旅し、数学の公開試合があると決まって審判員を申し出ます。

エルデシュ審判は数学が何よりも好きで、80才を過ぎた今でも、1日19時間も数学の勉強を続けています。そして、いつも宇宙中を驚異的な速度で飛び回り、宇宙のいたるところで行なわれている数学の公開試合での審判を務めて、数学の天才を探し出すことを使命としています。

　16世紀に行なわれたタルタリアとフロリドの公開試合やタルタリアとフェラリの公開試合の審判も勤めていましたが、このことはあまり知られていません。

　でも、いつも変な格好で宇宙空間を怪しげにうろついているため、宇宙警察官からしょっちゅう職務質問されています。

「数学に対する情熱はとても大切です。ここでもまた1つ、数学の熱い戦いが行なわれようとしています。数学の公開試合…いいですねえ。私も数学の真剣勝負は久しぶりです。ドキドキしています」

　エルデシュ審判員は満面に笑顔を浮かべています。

「では、みなさん。フラッシュはそろそろ止めてください。試合に支障をきたしますので」

　ジツムゲンホワイトとヒデ先生の公開試合の様子は、今まさに全宇宙に生放映されようとしています。

「この公開試合は真剣勝負じゃ。実無限が生き残れるか可能無限が生き残れるかのガチンコ勝負じゃ」

第3幕　地球人との公開試合　91

◆　テーマソング

　ヒデ先生は、テーマソングに合わせて登場するように言われています。さっそく、ヒデ先生のテーマソングが聞こえてきました。

　ヒデヒデヒッデ、ヒデヒデヒッデ、ヒデエゾウ…

　ヒデ先生にとっては初めて聞く歌でした。あまり歌詞が好きにはなれませんが、それでも自分が歌にされていることを素直に喜んでいます。何とか、リングまでうまく歩けたようです。次はジツムゲンソングが聞こえます。

　ジツジツジツジツ、ジツムゲンジャー、ジャージャー

　有名なジツムゲンソングに合わせてジツムゲンホワイトの姿が見え始めると、試合会場に盛大な拍手が沸き起こりました。
　２人はスポットライトを浴びながら、リングに上がりました。まるで、格闘技でも行なわれるかのような雰囲気です。

「赤コーナー〜、ガワナメ星のヒデ先生〜」
「白コ〜ナ〜、地球人のジツムゲンホワイト〜」

2人はガウンを脱ぎました。ホワイトは、脱いだ真っ白なガウンを高く放り投げました。そのかっこいい姿に観客はキャーキャー騒いでいます。一方のヒデ先生は指示された通りに丁寧に折りたたんで、リングの隅にキチンと置きました。観客は一気に白けています。

　2人にはホワイトボード用のマーカーが渡されました。これが、これから始まる数学の公開試合の武器となります。

　2人はリングの中央でにらみ合います。

　ジツムゲンホワイトは全身を白い包帯で覆われ、目と口だけが出ています。その上に白い背広をビシッと着こなし、白いネクタイを締めています。

　一方のヒデ先生は、よれよれのシャツを着て、だらしなくズボンをはいています。頭には白い包帯が巻かれていますが、うっすらと血がにじんでいます。

◆　自己紹介

「これは地球とガワナメ星の公開試合であり、実無限と可能無限の戦いでもあります。では、今日の試合に参加するお2人を紹介します」

　2人とも初めてのテレビ出演で緊張しています。

「実無限派からの参加者は、地球人のジツムゲンホワイトす」
「ジツムゲンジャーの隊長をつとめているジツムゲンホワイトです。よろしくお願いします」
　ホワイトは丁寧に頭を下げました。
「それでは、カメラに向かってもっと顔を映してください」
　カメラはズームアップしました。丸っこい茶色の目だけが包帯から覗いています。とてもかわいい目です。
「あなたは本当に地球人ですか？」
「そうです」
「火星人という噂もあります」
「私はれっきとした地球人です！」
　ホワイトは、手で自分のお腹をぽんとたたきました。すると、とても良い音が試合会場に響き渡りました。
「本当でしょうね？　火星人ならば、この試合は無効試合になりますよ。嘘の自己申告は致命的です」
「嘘ではありません。本当に本当に私は地球人です」
「では、証拠はありますか？」
　仕方なく、ホワイトはＵＦＯの免許証を見せました。その免許証には満面笑顔のぽっちゃりしたかわいらしい顔が映っています。
「白い覆面を取ってもらえませんか？　そうしないと、本人確認ができません」
「覆面はジツムゲンジャーの命です。これを取るくらいな

ら試合放棄をしたほうがましです」

「取らないでください！」

　ヒデ先生は強く言いました。

「彼は地球人です」

　ヒデ先生も真剣に公開試合をしたいようです。

「よろしい。試合相手のヒデ先生が認めるのであれば、ホワイト本人の確認を終えたものとみなします。では、今度はお相手のヒデ先生の確認をいたします」

　エルデシュ審判はヒデ先生のほうを向きました。

「対する可能無限派からの参加者は、ガワナメ星人のヒデ先生です」

「ヒデです。ノワツキ学校の数学教授です。よろしくお願いします」

「ガワナメ星人のヒデ先生、あなたは地球人だという噂がありますが…」

「私はれっきとしたガワナメ星人です。ただし、地球は大好きです」

「ガワナメ星人としての証拠はありますか？」

　ヒデ先生は自分で作った名刺を見せました。

「この顔は…？」

「それは子どもたちが描いた似顔絵です」

「こんなアザラシみたいなイラストが描かれた名刺では、本人確認にはなりません。この試合は無効とします」

　今度は、ホワイトが困った顔をしています。

第3幕　地球人との公開試合　95

「いえ、それは困ります。私が保証します。彼はれっきと
したガワナメ星人です。私がガワナメ星に行って直接つか
まえてきたのです。だから、私が保証人です」

「つかまえてきた？」

　ホワイトの意味不明な言葉に、ヒデ先生は耳を疑いまし
た。

「わかりました。お互いに論敵が保証し合っているのだか
ら身元は間違いないでしょう。では、この試合を有効とし
ます」

　周囲から歓声が沸き起こりました。2人は襟を正し、背
筋を伸ばしました。これから熱い戦いが始まろうとしてい
ます。みんなも久しぶりに行なわれる数学の真剣勝負を見
逃すまいと興奮しています。

◆　試合のルール

「ここで数学の公開試合のルールを説明する」

　みんなはじっと聞き入っています。

「1つ。卑怯な手は使わない」

「当然です。卑怯な論理展開はいっさいしません」

「俺もだ。無理な論理展開などせん！」

「1つ。手を抜かない」

「ガチンコ勝負というわけだな。俺は、ヒデ先生には絶対

に手を抜かないぞ」

「望むところです」

「以上だ」

　ホワイトとヒデ先生はルールの少なさに唖然としました。

「では、次に選手宣誓に移る。2人とも実無限が正しいか、それとも可能無限が正しいか、最後まで神聖な戦いをすることを誓うか？」

「はい。誓います」

「では、仲良く合唱したまえ」

「はい、宣誓！　われわれ2人は、エルデシュ審判の定めたルールにのっとって、最後まで正々堂々と数学の公開試合を行なうことを誓います」

　この言葉に、割れんばかりの拍手が起こりました。

◆　試合開始

「では、これから実無限が正しいか、それとも可能無限が正しいか、活発な議論をお願いいたします」

「この勝負には数学の未来がかかっている。だから、絶対に負けられない」

　2人がガチンコ勝負に意気込みをかけた瞬間です。エルデシュ審判が右手を動かすと、会場全体に響き渡る澄んだ音がしました。

カーーン！

　さあ、とうとう試合開始のゴングが鳴りました。世紀の
戦いが行なわれようとしています。
　ヒデ先生は開口一番に言いました。
「実無限は間違っています」
　エルデシュ審判は即座に反応しました。
「いきなりそう出ましたか」
　ホワイトはヒデ先生をバカにします。
「いいか、実無限は正しい。こんなことも理解できないな
んて、お前はアホか」
「アホとは何ですか」
「まず始めに言っておきたい。俺のＩＱは３００だ。宇宙一
の天才だ。俺が言うのだから間違いない」
「いいえ、自分の言うことが最も怪しいです」
「ＩＱの低い宇宙人が何を言うか！　多くの天才たちが作
り上げてきた地球の数学が間違っているはずはない。数学
は物理学と異なって、ニュートン力学が相対性理論に取っ
て代わられたような大きな変化は起こらない」
「いいえ、数学もまた、これから大きな変化が起こるはず
です」
「いいや、数学は地道な証明の積み重ねであり、この証明
は何十年も何百年も、いや何千年も慎重に吟味された結果

98

として残っている。だから、現在までに残っている数学の理論や定理は間違いのない輝かしいものばかりだ」

　しかし、ヒデ先生は首を横に振っています。ジツムゲンホワイトはつけ加えます。

「その証拠に『現代物理学は間違っている』という変人はいっぱいいるが、『現代数学は間違っている』という変人はいない」

「いいえ、ここに１人います」

「お前が地球人の作った数学の間違いを見つけたとでも言うのか？　ハハハ、笑わせてくれる男だ。数学をバカにするにもほどがある」

「いいえ、ミスは基本的なところほど見逃されやすいものです。燈台下暗しと言います。現在の地球数学は、もっとも基本的なところでミスを連発しています」

「ホラも休み休みに言え！」

　エルデシュ審判が割って入りました。

「２人ともいい加減にしなさい。そろそろ本題に入りなさい」

　２人はシュンとなりました。お互いに名誉を賭けた熱い戦いです。そろそろ真剣勝負に入らなければならないことは２人ともよくわかっていました。

「では、ヒデ先生。あなたが言い出しっぺですから、まず実無限とは何か、そして可能無限とは何かを説明してください」

第３幕　地球人との公開試合　99

◆ 国語辞典

「はい。では、さっそく始めます。国語辞典には『**無限とは、限りの無いもの**』と出ています」

「それがどうした」

「限りが無いとは『終わりがない』『完了しない』『完結しない』『完成しない』すなわち『でき上がらない』ということです」

「国語辞典に記載されていることがすべて正しいわけではない」

「その通りです。だからと言って、この定義が間違っているわけではありません。国語辞書に載っているこの無限の定義は正しいです」

「なぜだ？」

「『無限とは完結しないものである』は素直な表現だからです。私はこの国語辞典を根拠にして、実無限（完結した無限、完成した無限）を否定します」

「数学と国語は違うのだ。数学の専門用語と日常生活の言語は異なっている。そんなこともわからんのか？」

「同じでなければならないこともあります。無限の定義は異なっていてはいけません」

「いいや、異なっていてもかまわん。数学の無限と日常生活の無限は異なっている。こんなことは他にもいっぱいある。たとえば、『数学の集合』と『日常生活の集合』も異な

っている」

「すると、普段から平凡な日常生活をしている私たち凡人には、数学は次第に理解困難な学問と化すでしょう」

「当然だ。シロウトは高度な数学について来ることができないのが普通だ」

「いいえ、ついていけないのは、日常生活と数学の用語の意味がかけ離れていることも原因の1つです。専門書としての数学辞典には無限そのものが載っていなかったり、載っていてもその表現があいまいでとらえどころがなかったりしています」

　今度は、みんなは電子辞書の中に組み込まれている数学辞典を見ているようです。

「数学は無限の本質を避けています。皆さんの手に持っている数学辞典で無限大の項目を見てください。理解不能なあいまいな表現になっています」

　今度は、数学辞典で無限大の項目を読んでいます。

「また、現在の数学辞典には実無限や可能無限という用語があまり載っていません。このように、すべての数学辞典には欠陥があります」

「そこまで言うか…」

　みんなはヒデ先生の大胆さに驚きながら、数学辞典でさらに、実無限と可能無限の項目も調べています。

「本当だ。僕の持っている数学辞典には、実無限も可能無限も載っていない」

第3幕　地球人との公開試合　101

周囲はザワザワとし始めました。
「なぜなんだろう。不思議だなあ。なぜ、載せないのかなあ？」

◆　スライド

　ヒデ先生は、いつの間にかスライドを準備していました。
「はい、スクリーンをそこに広げてください。照明を少し暗くして」
　いろいろと指図するヒデ先生に、ホワイトは面白くありません。鈍感なヒデ先生は、そんなホワイトの心理もまったく読めません。
「私たちが無限という言葉を使ってお互いに話しをするとき、共通の認識に立たなければ議論が始まりません。そこで、国語辞典を開いて無限の意味を調べてみると、そこには『無限とは完結しないもの（終わらないもの）』と出ています。それに対して、完結するもの、あるいは終わりのあるものは有限と呼ばれています」
　今度は有限の項目を調べているようです。あちこちから、ピッ、ピッという音がしています。
「無限の発想は極めて単純です。それは『完結しないこと（完結しないもの)』です」
　そして、スクリーンに次のスライドを映しました。

> 有限＝限りが有る＝終わりがある＝完結する
> 無限＝限りが無い＝終わりがない＝完結しない

　このスライドが映写された瞬間、激しいヤジが飛び交いました。

「国語辞典野郎〜！」

「死ね〜！」

　ヒデ先生は、そんなヤジにもまったく動じません。

「無限の定義は『完結しないもの』あるいは『完結しないこと』です」

「アホ〜！」

「バカヤロー！」

「したがって、無限という言葉を使った時点で、それは『完結してはならない』すなわち『完成してはならない』『でき上がってはいけない』という条件がついてきます」

「しつこいぞ！　そんな当たり前のことを何度も言うな！」

「だから、『完成した無限集合』や『完成した無限小数』は存在しないのです」

「もう、やめろ！　聞きたくない‼」

　ヒステリックな声があちこちから聞こえます。

◆ 有限と無限の合成物

　ヒデ先生は、今度はマーカーでホワイトボードにスラスラ書いて行きます。

　　有限＝有＋限
　　　　＝「限り」が「有る」
　　　　＝終わりが有る
　　　　＝完了する
　　　　＝完結する

　　無限＝無＋限
　　　　＝「限り」が「無い」
　　　　＝終わりが無い
　　　　＝完了しない
　　　　＝完結しない

「有限は完結するものですが、無限は完結しないものです」

　さらに書き加えていきます。

　　有限＋無限＝限りが有る＋無限
　　　　　　　＝完結する＋無限
　　　　　　　＝完結する無限

＝実無限

「これからわかることは、実無限とは有限と無限を合体さ
せたものだということです。つまり、実無限の正体は有限
と無限の合成物です。実無限は、実は無限ではなかったの
です」

◆　実無限の正体

　ここで、ヒデ先生の主張をまとめてみましょう。

　無限とは「限りの無いもの（こと）」です。そして、限り
とは「最終的に行く着くところ（すなわち完結した状態や
完成した状態）」のことです。よって、無限とは「完結した
状態にたどり着かないこと」です。それゆえに「完結しな
いもの」です。このような素直な定義による無限を可能無
限と呼んでいます。
　ところが、現代数学が扱っている無限は実無限であり、
これは「完結した無限（完了した無限、終わってしまった
無限、でき上がってしまった無限）」です。完結した無限で
ある以上、これは完結しています。よって、次なる結論が
得られます。

「完結した無限」は完結している。
＝実無限は完結している。

　一方、無限という名前がつく以上、終わりがないので完結しません。したがって、次なる結論も得られます。

「完結した無限」は完結していない。
＝実無限は完結していない。

　これより、実無限は「完結している」と「完結していない」という２つの意味を同時に含んでいる矛盾した概念です。

　スライドを映したころから、次第に観衆の目がギョロギョロしてきました。その異様な雰囲気を肌で感じ、ヒデ先生はだんだん不安になってきました。
「ところで、素朴集合論においても公理的集合論においても、実無限のことを『完結する無限』や『終わりのある無限』や『完成した無限』や『でき上がった無限』という言葉で表現しません。そればかりか、数学では『実無限』という言葉も使われません」
　ヒデ先生は観衆に問いかけました。
「哲学では当たり前のように出てくる実無限や可能無限という単語が、どうして数学では、あまり使われないのでし

106

ょうか？」

◆　禁句

「禁句だからじゃよ！」
　ジツムゲンホワイトは、試合会場全体に響くような大きな声で、ヒデ先生の言葉をさえぎりました。
「数学における会話では、『実無限』や『可能無限』という単語は禁句である」
「どうして？」
「これらは数学の専門用語ではない。だから、数学辞典にも載っていない。そんなことも知らんのか？」
　ホワイトは分厚い数学辞典を開いてヒデ先生に見せました。ヒデ先生はそれを見て反論します。
「無限の本質に迫りたいのならば、これらの単語を使用することは必要です」
「だから、それは許されないの！　数学では、実無限も可能無限も、すべて無限という一語で論じる伝統的な習慣がある。古くからのこの習慣に従いなさい」
「実無限も可能無限も、一緒くたに論じるというのですか？」
「そうだ。無限を実無限と可能無限に分けることは、数学ではタブーだ。いいか、数学には実無限も可能無限も存在

しない！　あるのは単なる無限だけだ！」

　ジツムゲンホワイトは、数学辞典に載っていない単語の使用禁止を提案しました。エルデシュ審判はそれに対して意見を言いました。

「ホワイト君。君は無限に関する証明を、無限という１つの単語だけで行ないたいのだね」

「はい、そうです」

「ヒデ先生、あなたは無限に関する証明を、実無限と可能無限に分けて行ないたいのだね」

「もちろん、そうです。地球人の作り上げた無限観を深く考察していくと、この２つに分けることができます。このことは、アリストテレスの時代から知られています」

「俺は知らんがな」

　ホワイトはぶっきらぼうに言いました。これに対して、エルデシュ審判は自分の意見を述べます。

「とにかく、数学辞典に記載されていない単語や記号を用いて数学の証明をすることは許されない。これは数学の常識である」

　ホワイトはニンマリとしています。

「しかし、この試合においては、実無限と可能無限という２つの単語の使用を認めることにする」

「え〜！」

　今度は、ホワイトは絶句しています。

「ど、ど、どうしてですか？」

「そうしないと、この数学の試合が成立しないだろう。この試合のタイトルは何かな？」

　ホワイトは仕方なく答えました。

「実無限…対…可能無限…」

「そうだろう。この会場で行なわれるのは、実無限と可能無限のガチンコ勝負だ。そのためには、実無限と可能無限の２つの単語がぜひとも必要である。これらの単語を使わなかったら、まったく試合にはならんじゃろうが」

「ごもっともです」

「ここで試合を中止したら、全宇宙から抗議の電話や電子メールが殺到するに決まっている。せっかく宇宙放映されるのだから、全宇宙人をもっと楽しませにゃあかんやろ」

「はは～！」

◆　偉大な人たち

　これを聞いたヒデ先生はホッとしています。そして、強気に出ました。

「実無限を守ろうとするヒルベルトの数学は間違っています」

「んなこたない。ヒルベルトは20世紀最高の天才数学者だ。ヒルベルトをバカにすることは許さない」

「バカにしてなどいません。ヒルベルトの提案した無定義

第３幕　地球人との公開試合　109

語の導入も間違っています」

「それがバカにすることだ！」

「バカにするとは、否定することではありません」

「いや、そうだ。お前は相対性理論を否定しているそうだな。アインシュタインは、20世紀のパーソン・オブ・ザ・センチュリーに輝いた人物だ。ニュートンを超えた物理学者だぞ。アインシュタインをバカにすることは許さない」

「バカにしてなどいません。特殊相対性理論も一般相対性理論も矛盾していると言っているだけです」

「それがバカにすることだ！　お前は不完全性定理の証明を間違っていると言っているそうだな。ゲーデルはアリストテレス以来の最高の論理学者だ。ゲーデルをバカにすることは許さない」

「バカにしてなどいません。不完全性定理の証明が間違っていると言っているだけです」

「それがバカにすることだ！」

「私は人をバカにすることは嫌いです」

「バカにしっぱなしじゃないか！　俺は子どものころから、議論で他人を傷つけまいと決心していた。しかし、ヒデ！」

　ホワイトはヒデ先生を怒鳴りつけました。

「はい」

　ヒデ先生は素直に反応します。

「お前はまったく正反対だ。お前は平気で他人を傷つけて

いる。以前から何かにつけて論争を吹っ掛けて、周囲の大
人たちを困らせていたことだろう」
「いいえ、私は子ども時代に他人と激しい論争をした記憶
は一度もありません。ただ、対角線論法の誤りだけは見過
ごすことができず、生涯でたった1度だけ、徹底的な論争
をすることに決めたのです」
「それがこの公開試合か？」
「そうです」
「バカバカしい…」
「私は3人の宇宙飛行士を助けたいのです」
「頭の悪いお前には無理だ」
「私は頭が悪いけれど、正しい考え方の基本となる良識は
失っていません」
「数学は良識で語る学問ではない！」
「いいえ、これからの数学は良識が中心となるでしょう」
「良識からなるユークリッド幾何学が非ユークリッド幾何
学に敗れた歴史を知らないのか？　非ユークリッド幾何学
の台頭は、人間の直観や良識がいかにあやふやなものであ
ったかを白日の下にさらしたのだ」
　ヒデ先生は歯ぎしりをしています。
「とにかく、ヒデ先生はものごとの理解が遅すぎる！　俺
みたいに頭が良すぎて、1を聞いて10を知るような知的
能力はない。俺は、相手が質問し終わる前に答えを言って
しまうほどだ。どうだ、すごいだろう」

第3幕　地球人との公開試合　111

ホワイト、いつの間にか胸を張っています。

「だから、いつもみんなからびっくりされている。それに対して、ヒデ先生はとろ過ぎる。俺は無限集合を5分で理解した。しかし、ヒデ先生は25年かけてもまだ、無限集合が理解できないようだ。よって、お前は数学には不向きである」

◆　地球数学の歴史

　バカにされたヒデ先生は悔しくなって、審判に申し出をしました。

「エルデシュ審判！　お願いがあります」

「何ですか？」

「ここで、地球数学の歴史を説明させてください」

「なぜかね？」

「実無限の謎を解くために、ぜひ、必要なことです」

「わかりました。良いでしょう」

「異議あり！」

「異議は却下します」

「ありがとうございます」

　ヒデ先生は、審判にお礼を述べた後、地球の数学史をわかりやすく説明し始めました。物覚えの悪いヒデ先生は、手元にあるたくさんの資料を見ています。

112

「可能無限とは、本来の無限のことです。実無限は、無限と有限の合成物です」

「んな、バカな！」

「そして、無限大は実無限の概念です」

「無限と無限大に違いなどない。さっきから無限も実無限も可能無限も無限大も、みんな同じだと言っているだろう」

「違います。数学の歴史から述べさせていただくならば、数学に無限大としての記号である∞が導入されたのは17世紀です。ジョン・ウォリスが最初に使ったとされています」

17世紀の数学で、実無限の記号が使われ始めた。

「しかし、この∞は手にした人たちがそれぞれの思惑で使用しています。この記号こそが実無限のベースにあると言っても良いでしょう。この記号は意味があいまいなため、とても便利でした」

「あいまいなために便利？　なんじゃ、その言い方は？」

「あいまいな表現は何に対しても当てはまります。もし、あなたが占い師であって、占ってもらいたい人が来たら、『あなたは今までとても苦労されていますね』というのが良いでしょう。ほとんどの人が『当たっている』とびっくりします。人間は誰でもどこかでかなり苦労しているものです。どんな苦労かまでは具体的に言及せず、あえて抽象的

第3幕　地球人との公開試合　113

な表現をすれば、誰にでも通用する一般性を有します」

「何が言いたいのだ？」

「具体的な意味を持たないあいまいな概念や記号は抽象数学を作り出します。このあいまいさはいろいろと解釈ができるので、数学の難問を解くときの証明にとても便利だということです」

「抽象数学を否定するつもりか？」

「全面否定はしません」

「じゃあ、肯定しろ！」

「いやです。全面肯定はいたしません。やがては、この∞は次第に数学に定着し始めました。ついには、この記号なしには、無限に関する数式を書き表すことすらできなくなりました。ここで、∞という記号にはまってしまったのです」

地球の数学は、あいまいな記号である∞の中毒に陥った。

「歴史は19世紀に入りました。この時期、人類は完全に実無限中毒に陥っていました。その中毒症状が表だって現れたのはカントールの時代です」

「中毒とは何だ！　人をバカにするな！」

「申し訳ありません。言葉が過ぎました。実無限の虜になってしまったと言い換えさせていただきます」

「まあ、いいだろう」

114

「カントールは区間縮小法を発表し、次に対角線論法も発表して、実無限の証明を数学に初めて導入しました」

19世紀に、実無限の証明が行なわれ始めた。

「この対角線論法をきっかけとして、実無限の概念が怒濤のごとく数学に流れ込みます。無限集合論による数学の支配がはじまったのです」

「地球数学が無限集合論によって植民地化されたとでもいうのか？」

「そこまでは言いません」

「じゃあ、いったい、何が言いたいのだ」

「静かにしてくれませんか？　その結果、抽象化が勢いを増し、今でも、それはとどまることなく進んでいきます。抽象化は一般化をもたらし、一般化は抽象化をもたらすという手と手を取り合った悪循環に陥りました。数学が、負のスパイラルに迷い込んだのです」

20世紀の数学は、実無限による抽象化の時代である。

「やがては無限大だけではなく、無限小や無限遠などの抽象的な概念がたくさん作られました。こうした実無限数学が主流となったため、大事な可能無限が隅っこに追いやられています。地球の数学は実無限に乗っ取られたのです。

第3幕　地球人との公開試合　115

そして、とうとう地球数学は矛盾した学問になりました」

　　21世紀の数学は、矛盾した学問になってしまった。

「これが地球数学の全体の流れです」
「君のバカげた妄想は、そのくらいにしたまえ。その発言
は、過去数百年いや数千年にわたる地球の数学を愚弄して
いる。今までの偉大な数学者たちが脈々と作り上げてきた
現代数学は、決して矛盾などしていない。お前の意見は却
下だ！」
　エルデシュ審判が割って入ります。
「却下するかどうかは私が決めます」

◆　見かけ上の背理法

「ここで、無限集合論が誕生するきっかけとなった対角線
論法のついて述べさせていただきます。カントールの考え
出した対角線論法は見かけ上の背理法です。本物の背理法
ではありません」
「では、その理由を述べたまえ」
「はい」
　ヒデ先生は、用意されていたホワイトボードに再び書き
始めました。

「次のようにＡとＢを置き、Ａが命題であると仮定します。
Ｎは自然数全体の集合、Ｒは実数全体の集合であり、この
２つは実無限に基づく無限集合です」

　　Ａ：実無限に基づく無限集合は集合である。
　　Ｂ：集合Ｎと集合Ｒの間に１対１対応が存在する。

「Ａが命題ならば、Ａは真の命題か偽の命題かのどちらか
です」
「では、それを証明したまえ」
「え？」
「それを証明しない限り、論理を先に進めてはいけない」
　ホワイトは無理難題を押しつけます。
「これは命題の定義であって、証明は存在しません」
「では、君の意見はそれまでだ」
「え〜、そんな！　先に進めさせてください。まず、Ａが
偽の命題であると仮定します。Ａが偽ならば無限集合は集
合でないので、ＮとＲは集合ではありません。ＮもＲも集
合でないならば、Ｂは数学的な意味を持たず、命題にはな
りません。なぜならば、１対１対応は集合同士の関係だか
らです」
「私はそんな話に耳を傾けないぞ」
「まったく、も〜。次に、Ａが真の命題であると仮定しま
す。Ａが真ならば無限集合は集合になるので、ＮとＲはと

第３幕　地球人との公開試合　117

もに集合です。そのとき、1対1対応は実無限を基づく概念として存在し、Bは命題になります」

　ホワイトは両手で両耳をふさいでいます。ヒデ先生はそれを横目で眺めながら、しかたなく一方的に証明を進めざるを得ません。
「Bが命題ならば、Bは真の命題か偽の命題かのどちらかです」
「それを証明しろ！」

　ホワイトはそう叫ぶなり、再び両手で両耳をふさぎました。
「そこで、さらにBが真の命題であると仮定します。すると、対角線論法により矛盾が導かれるので、仮定を否定することができます。つまり、『Bは偽の命題である』という結論が得られます。したがって、全体としての論理構造は次なる論理式で表すことができます」

　　$A \rightarrow (B \rightarrow \neg B)$

　ホワイトは目を閉じた上に、さらに息も止めています。もう、何も受け入れたくないようです。
「この論理式は次のように変形できます」

　　$A \rightarrow (B \rightarrow \neg B)$
　　$\equiv \neg A \lor (\neg B \lor \neg B)$

$$\equiv \neg A \lor \neg B$$

「この結論は『¬Aが真であるか、あるいは、¬Bが真である』ということです。しかし、この式だけではどちらが真の命題なのかはわかりません。つまり、論理全体が背理法を形成していません。これより、**対角線論法は背理法ではない**ことがわかります」

　ホワイトの顔が真っ赤になってきたようです。白い包帯の隙間から目元をうかがうことができます。とても苦しそうです。

「この場合の対角線論法とは無限集合論の仮定である『無限集合は集合である』も含めた大きな背理法を指しています。しかし、無限集合論の仮定を否定しないでBだけを否定すると、次なる論理式になります」

$$B \to \neg B \equiv \neg B \lor \neg B \equiv \neg B$$

「これは、カントールが考えた対角線論法であり、命題Aを視野に入れ忘れています」

　息苦しくなったホワイトはちらっと薄目を開けてヒデ先生を見ています。どうやら、少しずつ視野を広げようとしているようです。

「この視野の狭い背理法から『1対1対応が存在しない』という間違った結論が出てきます。このような論理ミスを

第3幕　地球人との公開試合　119

なくすためには、数学では常に大きな視野で証明を眺める必要があります」

ホワイトはまだ両耳をふさいでいます。でも、彼の目がキョロキョロ動いています。

エルデシュ審判は、何やらメモを取り出し、ホワイトの減点を書いているようです。それを見たホワイトはあわてて両手を両耳から離し、真剣にヒデ先生の証明を聞いているふりをし始めました。

◆　可能無限と実無限

ここで、可能無限と実無限についてまとめてみます。

可能無限とは本来の無限のことです。それに対して、実無限とは、この終わらない無限（可能無限）を終わったと仮定しているものです。したがって、それぞれの本質を一言で述べると、次の2行に集約されます。

　可能無限＝完結しない無限
　実無限　＝完結する無限

「完結する」と「完結しない」は否定の関係です。これより、可能無限と実無限もお互いに相手を否定し合っていま

す。つまり、可能無限の立場を取れば実無限は否定され、実無限の立場を取れば可能無限が否定されます。

可能無限が正しければ、実無限は間違っている。

国語辞典で「無限」を調べてみると、そこには「完結しないもの」と書かれています。そこで、上記の2行の接尾語である「無限」を「完結しないもの」という本来の意味に置き換えてみます。

　可能無限＝完結しない「無限」
　　　　　＝完結しない「完結しないもの」
　実無限　＝完結する「無限」
　　　　　＝完結する「完結しないもの」

可能無限は「完結しない」が2個あるのでしつこく感じます。そこで、「完結しない」を1個取り去ります。すると、この2つはもっと簡単な表現に変わります。

　可能無限＝完結しないもの

　実無限　＝完結するが、完結しないもの

したがって、実無限とは「完結し、かつ、完結しないも

第3幕　地球人との公開試合　121

の」です。これは、まさに矛盾した概念です。現代数学は実無限の立場をとっています。つまり、現代数学は矛盾している概念を数学の基礎に置いています。ということは、**現代数学は根本から間違っている**ということになります。

◆　脅迫状

　ヒデ先生の説明に納得してきた聴衆は、次第にヒデ先生の側につくようになってきました。不利になったジツムゲンホワイトは、とうとう最後の手段を使って決着をつけようとします。

「現代数学を根幹から否定しているお前の話もそれまでだ！」

　そして、１枚の紙をポケットから取り出し、それを拡げて高く掲げました。

「これが何だかわかるか？」

　事情が呑み込めないヒデ先生は、ぽかんと口を開けたままです。

「これは、お前が地球に送ってきた脅迫状だ」

　そこには次のように書かれていました。

脅迫状

ガワナメ星人

ヒデ先生より

地球人よ。私に地球への無料招待券を郵送せよ。できれば年間パスポートがいいぞ。さもなければ、地球の数学と物理学が矛盾していることを、宇宙中に暴露するぞ。

「これはタイトルからして、脅迫状であることは明白だ」
「私はそんな手紙を送っていない」
「フフフ、これはファックスで送信されたものだ。送信記録から、ガワナメ星のお前の自宅から送ってきたことがわ

かっている」
「私が地球に送信したのは、公開試合の承諾書だ。あ！」
　ヒデ先生は口を押さえました。あのとき、ヒデ先生は承
諾書にサインをしてファックスしました。そして、そのフ
ァックスはすぐに地球数学防衛隊の本部に届いたはずです。
「ファックスが改ざんされている。これは罠だ！」
　よく見ると、名前以外のほとんどが白い修正液を塗った
上に、手で書き加えられていました。
「それは修正液で書き直した文書ではないか！」
「フフフ、そんなことはどうでもよい。そしてヒデ先生。こ
れがお前には見えるか？」
　そうて、ポケットからもう１枚の紙取り出して、高々と
見せました。それは、宇宙裁判所の発行したヒデ先生の逮
捕状でした。いつの間にか、宇宙裁判所はファックスを重
要証拠として採用し、ヒデ先生の逮捕状を発行していまし
た。
「やつの身柄を確保せよ。そして、裁判所に連行せよ！」
「これは冤罪だ」
「冤罪かどうかは、取り調べをすればわかる」
「取り調べをすること自体が間違いだ」
「犯罪者が何を言っている！　現代数学をなめんなよ！
現代数学を否定する者がどんな目にあうか、身をもって味
わうがよい！」

124

◆ 試合終了

　エルデシュ審判は大きな声で宣言しました。
「ヒデ先生の逮捕によって、試合の続行は不可能と認める。よって、この試合はジツムゲンホワイトの勝ち！」
　あたりは歓声と怒声に埋もれました。とうとう、世紀の公開試合は終わりました。
「審判。結局、実無限と可能無限は、どっちが勝ったのですか？」
「ジツムゲンホワイトが勝ったから、実無限の勝ちだ」
　ホワイトは嬉しそうな顔をしています。一方、ヒデ先生は猿ぐつわをかまされて、後ろ手に縛られてジツムゲンジャーに取り押さえられています。エルデシュ審判は少ない荷物をまとめて静かに去って行こうとしています。
「今日の試合はとても有意義であった。またのチャンスがあたら、ぜひ、私を呼んでください。いつでも飛んできます」
「これからどこに行くのですか？」
「疲れたから、ちょっと知人の家に泊まりに行ってくる」
　エルデシュ審判はいつもの星間鉄道で移動したいようです。
「次の列車の時間は…」
　時刻表を見ているエルデシュ審判にみんなは大きな声で言いました。

第3幕　地球人との公開試合　125

「どうも、ありがとう〜」
「さようなら〜」
　一方、自分の重要な仕事が終わったとばかりに、ホワイトはエルデシュ審判に近づいてきました。
「エルデシュ審判。あなたはどこの出身ですか？」
「ハンガリー星です」
「ほほう。私の祖先と同じですな。これからいっぱいどうですか？　酒のうまい店を知っています」

　ジツムゲンジャーに引きずり回されながら、ヒデ先生は試合会場を一周させられました。まるで極悪非道人です。最後は囚人護送船に乗せられて、地球を後にしました。いったいどこに連れて行かれるのでしょうか？
「とうとう、ヒデ先生は連れて行かれましたなあ」
「ああ、愚かな男だったな」
「現代数学を否定するなんて、今まで誰もやらなかったのになあ…この審判員のわしですら、現代数学の過ちには触れなかったというのに…」
「ヒデ先生は生き方が下手なんですよ」
「わしは？」
「エルデシュ審判は…個性的な生き方をしています」
「ホッホッホ」
「ハハハ」

126

◆ 号外

　各新聞社は大量の号外を印刷して、宇宙中にばらまきました。その近くを飛行している宇宙船はアームを伸ばしてその1枚を回収しています。

「なんじゃ、これは。ヒデ先生の公開試合の結果じゃないか…なになに…ヒデ先生は公開試合に敗れて裁判所に連れて行かれた？」

「俺にも見せてくれ。へえ、試合に敗れただけではなく、脅迫状まで書いて逮捕されたのか」

「じゃあ、今度は公開裁判が始まるのだろう。ぜひ、見に行こう」

「よし、公開試合を見そこなったから、今度は是が非でも公開裁判を見に行かなきゃ。行き先変更だ」

　号外を読んで、数多くの宇宙船はその行き先を変更しています。

「ところで、公開裁判はどこで行なわれるのだ？」

第4幕

ヒルベルトとの出会い

◆ パリの街

　サクくんを追いかけたＵＦＯは、突然、時空のゆがみにはまり込み、どこかおかしな空間に迷い込んだようです。そして、すごい勢いで落下しています。ミーたんとコウちんはもうだめかと思いました。

　しかし、地面すれすれのところで勢いが落ちてきて、ＵＦＯは静かに着地しました。どうやら、無事なようです。しかし、２人は疲れてぐったりしています。少し時間がたってから、あたりを見回しました。

「ここはどこ〜？」

「わからないわ。とにかく、降りてみましょう」

「サクくんはいったいどこに行ったのかしら？」

「心配だね〜」

　２人は恐る恐るタラップを降りました。ＵＦＯが着地した場所は公園のようです。周りにはパラパラと人がいて、座って話をしていたり、寝転んで本を読んだり、ボールで遊んでいる子どもたちもいます。この人たちにはＵＦＯが見えていません。なぜならば、表面にはＵＦＯを透明化する特殊な加工処理がなされているからです。

「ＵＦＯを壊されたりしたらガワナメ星に帰れないから、安全な場所に隠しましょう」

　２人は、外に出てうんこらうんこらとＵＦＯを押して、木の後ろに隠しました。

130

人々はじろじろ見ています。どうやら彼らには２人が透明なものを押しているのが見えるみたいです。

　なんと重いＵＦＯでしょうか。汗がたらたら流れてきました。やがて、まわりに大勢の人たちが集まってきました。
「うまいわね」
「パントマイムよ。さすがにパリだわ。こんなに小さな子どもまで練習しているなんて…」

　ほめられているようですが、ミーたんとコウちんは必死です。どうにかしてＵＦＯを隠すことができました。２人は汗びっしょりです。みんなは拍手しています。２人は照れ笑いをしています。さあ、これからどうしたらいいのでしょうか？

　拍手を背にして、ミーたんとコウちんは公園から通りに出ました。そこはとても賑やかな場所であり、人びとは活気にあふれています。

　やがては、大勢の人が歩いている歩道に紛れ込みました。そして、２人は流れに逆らわずに歩き始めました。そのときです。後ろから男性がドスンとぶつかってきました。コウちんは、よろよろと両手をついて倒れ込みました。
「ごめん、ごめん、坊や」

　男性はそういうなり、コウちんの手をとって起こしました。コウちんは泥で汚れたズボンを手ではたきました。そのとき、男性のズボンが目に入りました。そのズボンの一部が破れていて、穴がぽっかりと開いています。コウちん

第４幕　ヒルベルトとの出会い　131

は視線をゆっくり上げて、その人の顔をマジマジと見ました。そのおじさんはヘナヘナのパナマ帽をかぶっています。

「わしがぼんやりと考えごとをしながら急いで歩いていたのが悪いんだ。ごめんね。坊やの名前は？」

「コウちんだよ～」

「そうか、わしはヒルベルトだ」

そういうなり、彼は大きな手を出して握手を求めてきました。しかし、背はそれほど高くはありません。

「君は、何才だい？」

ヒルベルトは握手しながら聞いてきました。どうやら、子どもが好きなようです。

「シー、本当の年齢を言っちゃだめよ」

ミーたんがコウちんにささやきました。コウちんはもじもじしながら答えました。

「138才～」

「はあ？」

「おじさんは？」

「わしは、君より100才ほど若いよ」

そういって微笑みました。

「ふ～ん、ボクより老けて見えるけど」

ヒルベルトは、声を出して笑っています。

「どうして、おじさんはそんなに急いでいるの？」

「これから会議があるんだよ」

そのとき、コウちんのお腹がク～と鳴りました。

「腹がすいているようだね」

「うん」

「わしも朝飯前だ。少しなら時間があるから、何か食べよう。さっきのお詫びにおごってあげるよ」

　ヒルベルトの思いがけない申し出にミーたんとコウちんは飛び上がって喜びました。

◆　カフェ

　3人はおしゃれなカフェに入りました。カフェの看板にはヴォルテール珈琲館と書かれています。中はとてもきれいで、いくつものテーブルが整然と置かれています。コウちんはトコトコと歩いて行って、窓際のテーブルの席に腰を下ろしました。ミーたんとヒルベルトも後に続きます。

「君たちは何を食べたい？」

「僕は卵焼きとソーセージ。それに、グレープジュース」

　ハキハキしたコウちんに対して、ミーたんは遠慮がちに言いました。

「同じでいいわ」

　おじさんは若いウェイトレスを呼んで注文しました。

「私はいつものコーヒーとトーストでいいよ」

「わかりました。カプチーノですね」

　その女性はにっこりと微笑みながら奥に引っ込んでいき

第4幕　ヒルベルトとの出会い　133

ました。その間に、ミーたんはパラパラと地球の年代表を調べています。そして、コウちんに耳打ちしました。

「大変よ。私たちは1900年のパリに迷い込んだのよ」

「1900年のパリ？」

　コウちんは事情をちっとも飲み込めていません。

「そうよ。外は大変にぎやかでしょう」

「うん」

「パリで万国博覧会が開かれているからよ」

　でも、コウちんは万国博覧会にはあまり興味ないようで、ちっとも聞いていません。窓からにぎやかな外を見ているだけです。

　おじさんもパラパラと調べ物をしています。その音に気がつき、気になったミーたんは聞いてみました。

「何を調べているの？」

「これか？　これは、今日発表するテーマの内容を確認しているんだ」

「なんていうテーマなの？」

「『数学の将来の問題について』だ。国際会議での特別講演を頼まれているんだ。今回は、まだ解決されていない数学の問題を世界中の若い数学者たちに投げかけようと思っているんだ」

「へ～」

「さまざまな数学の分野から、基礎的で重要な問題ばかりをピックアップしたんだ。わしは、これらの問題が解ける

力強い数学を作り上げたいんだ」

　ヒルベルトはやる気満々です。このやる気こそが、人々にとっては彼の大きな魅力でした。

「われわれは知らなければならない。われわれは知るであろう」

　その言葉は自信たっぷりです。人間の知性によって、すべての命題の真偽を知ることができると言っているようです。

「ガッツのある言葉だわ」

「そうだろう。わしの墓石に記す言葉として、もう決めているんだ」

　子どもたちは驚きました。しかし、ヒルベルトのやる気は半端ではありません。彼は証明に関して、さらに自己暗示をかけているようでした。彼は、どんな命題も真か偽のどちらかを証明できると固く信じこんでいました。

「できる、できる、必ず証明できる」

　ヒルベルトはやる気満載の原稿を見せてくれました。そこには、フランス語で23個の問題が記載されていました。

「数学のいろいろな分野から集めた24個の未解決問題さ。会議で講演をするときに、これらを示して、さあ解いてごらんという挑発を行なうつもりだ。あ、ごめん。1個減らしたから23問題だった」

「1個はどうしたの？」

「家に置いてきちゃった」

第4幕　ヒルベルトとの出会い　135

いきなりコウちんが会話に入ってきました。

「あれ、おじさん。フェルマーの最終定理が入ってないよ」

「ああ、23問題から外したからな」

「23個って、多いんじゃないかしら？」

「そうか？」

「そんなにいっぺんには憶えられないよ〜」

　コウちんも言いました。

「10個でいいよ〜」

「そうか、10個か…23個は多すぎたか…」

　ヒルベルトは、これから発表する問題を10個に減らすことにしました。

「もう会場で配る資料はすでに23問題にしてしまったが、講演で述べるのは10題にしよう。では、どれを削ろうか…」

「これとこれとこれ」

　コウちんは瞬時に判断しました。

「君はこれらの問題を理解しているのかね？」

「ちっともわかんないよ〜」

「じゃあ、どうして残す問題と削る問題を見分けているのだね」

「直観だよ〜」

　ヒルベルトおじさんは含みのある笑いをしました。

「でも、一番目に持ってくる問題はとても名誉ある問題にしたいので…何を選ぼうかなあ…」

「これにして〜」

　またしてもコウちんは口をはさみました。

「ほほ〜、わしの論理と君の直観が一致したね」

　コウちんが指差したのは連続体仮説でした。

「わしも、20世紀の数学は連続体仮説から始まると予想していたんだ」

　おじさんのやる気に、ミーたんとコウちんは魅了されました。前向きでやる気のある人は、いつでも魅力的です。

「特別講演が楽しみだわ」

　そのとき、先ほどの若いウェイトレスが注文した品を運んできました。テーブルの上には、書類や本と一緒に食べ物や飲み物がいっぱい置かれました。

「お子様は、これもどうぞ」

　コウちんは、かごに入ったたくさんのおもちゃから、ウェイトレスさんの計らいで1個だけもらえます。選んだのはパトカーのミニチュアです。

「それ、な〜に？」

　コウちんは、ウェイトレスさんのポケットに入っている小さな本を見つけました。

「あ、これね。これはわが国の大数学者ポアンカレという人が書いた数学の本よ。とても文学的でわかりやすく、ウェイトレス仲間でも読まれるのよ」

　これを聞いていたヒルベルトは少し不機嫌になりました。

第4幕　ヒルベルトとの出会い　137

◆ 生き返ったら

　でも、すぐに気を取り直したヒルベルトは、第1問題を眺めながら盛んに繰り返しています。
「連続体仮説は素晴らしい。素晴らしい…素晴らしい…」
「おじさんはそんなに連続体仮説に対する関心が高いの？」
「そりゃそうだ。もしわしが死んだ後に100年も200年もたってから再び生き返ったとしよう。そのとき、わしは真っ先に何をすると思う？」
　コウちんは即座に答えました。
「ビールを飲む！」
　ヒルベルトおじさんも即座に答えました。
「違う！」
「何をしたいの？　教えてよ〜」
「フフフ。生まれ変わったら、真っ先にこう尋ねるよ」
　ヒルベルトは深く息を吸い込んだ後、ゆっくり答えました。
「あれ（連続体仮説）はどうなった？」
　ミーたんとコウちんは唖然としました。そして、聞きました。
「せっかく生き返ったのに、そんな質問をするの？」
「当然だ。連続体仮説は最高度の難問である。これを生み出したカントール先生にも解けないくらいだ。もちろん、今世紀最大の天才数学者と噂されているゲッチンゲン大学

のこのわしにもまったく解けない」

　ヒルベルトの鼻の下がちょぴっと伸びています。

「今の地球上には、この難問を解ける高度な知能を持った人間は誰１人としていない。でも、将来はきっと誰かが解いていてくれているだろう」

「もしかしたら、おじさんが生き返った後、その問題は消えてなくなっているかも〜」

　一瞬の沈黙の後、ヒルベルトおじさんは笑い出しました。

「ハハハ、これは面白いことをいう坊やだね」

　そして、コウちんの頭をナデナデしました。コウちんはわけもわからずデレデレしています。

◆　作り話

「おじさん。連続体問題は、一応、解決をしているわよ」

　ミーたんの言葉にヒルベルトはびっくりしました。

「そんなことはない。わしがこのパリにやって来たのは、連続体仮説の解決方法を探すように、世界中の若い数学者たちに呼びかけるためなんだ」

「おじさん、ＺＦ集合論って知っている？」

「知らん」

　まだ、この時代にはＺＦ集合論はできていませんでした。ミーたんはヒルベルトおじさんに電子辞書を示しました。

「ゲーデルは、ＺＦ集合論が無矛盾ならば、そこに連続体仮説を加えても無矛盾であることを証明したのよ」

「ゲーデル？　誰だ、それは？」

　コウちんもつけ加えます。

「コーエンは、ＺＦ集合論が無矛盾ならば、そこに連続体仮説の否定を加えても無矛盾であることを証明したんだよ〜」

「コーエン？　誰だ、それは？」

「世界的に有名な数学者だよ〜。でも、まだ生まれていないよ」

「ハハハ、まったく君たちは面白い作り話をするね」

　またもや、ミーたんもコウちんも信じてもらえませんでした。

「それもそのはずね。今のヒルベルトおじさんは、相対性理論も知らないかもよ」

「相対性理論？　そんな理論は数学にはない。わしは数学のことなら何でも知っているぞ」

「相対性理論は物理理論だよ」

「わしを誰だと思っているんだ。わしは物理学にも詳しんだぞ。物理学にもそんな名前の理論は存在しない」

　ヒルベルトは物理学にも相当の自信があるようです。実際、ヒルベルトの23問題の6番目は、物理学の公理化に関する問題でした。

140

◆ ヒルベルトプログラム

　ヒルベルトは子どもたちの話を信用せず、連続体仮説よりもさらに突っ込んだ話をし始めました。
「実は、わしにはとってはもっと大きな夢があるんだ」
「どんな夢なの？」
「公理系の無矛盾性と完全性の証明だ。それだけで終わらせないぞ。さらには、数学の無矛盾性と完全性を証明したいのだ」
「難しい夢だね～」
「夢は難しいほど意欲がわいてくる。数学における謎解きの挑戦は決して意欲が失われることはない。わしの尊敬するカントール先生は、生涯をかけて連続体仮説を証明しようとしている。それは実に素晴らしいことだ。それに見習って、わしなりの問題を作ってみたんだ」
　ヒルベルトおじさんは胸を張って前を直視しています。その視線の先には大きな窓があり、その外では小鳥がチュンチュンとさえずっています。
「わしは生涯をかけて、この夢を追求する。そして、必ず成し遂げる」
「そしたら、かっこいいネーミングにしようよ」
「いいね」
「おじさんの名前はヒルベルトだよね」
「そうだ」

第４幕　ヒルベルトとの出会い　141

「だったら、これをヒルベルト計画と名づけたらどう？」

「ヒルベルト計画か…なんか、かっこういいな」

「でしょう？　でも、英語にしたらもっとカッコ良くなるかもよ〜」

「では、ヒルベルトプログラムと命名しよう」

　これから英語の検定試験を受けようとしているコウちんは、パチパチと拍手しています。

「よし。このヒルベルトプログラムは誰にも邪魔させないぞ。カントールの楽園からわれわれを追放することが誰にもできないように、この計画の遂行を誰にも邪魔させんぞ！」

　カントールの楽園とは、カントールの作り上げた実無限の世界であり、具体的には無限集合論のことです。

◆　1＝0.999…の証明ミス

「ヒデ先生は、カントールの楽園からみんな去るべきだと言っていたわ」

「そんなバカな、ヒデ先生なる男は楽園の素晴らしさを知らない愚か者だ。そんなことでは1＝0.999…すら理解できないだろう。では、0.999…＝1の証明を復習してみよう」

　ヒルベルトは実無限の素晴らしさを子どもたちに教えよ

うとしています。

　「まずは、0.999…をdと置く」
　d＝0.999…　――　①
　「両辺を10倍する」
　10 d＝9.999…　――　②
　「②－①を計算する」
　9 d＝9
　「両辺を9で割る」
　d＝1

　「これより、0.999…＝1である。この証明のポイントは
②－①の計算である。9.999…－0.999…という引き算
において、それぞれの小数点以下にある…という数字の配
列はまったく等しいので、これらを引くとゼロになる。数
字をごっそりと消去するところなど、鮮やかで気持ちが良
いだろう」
　「ある意味、驚嘆に値します」
　「そうだろう、そうだろう。この証明は完璧だ」
　「でも、この証明は間違っていると、ヒデ先生は言ってい
たわ」
　「なに？」
　「その誤りとは『10倍すると、小数点を1つ右側にずら
す』という操作です。それを理解していただくために、ま

第4幕　ヒルベルトとの出会い　143

ずは有限小数について考えます。0.999 という有限小数を
10 倍する場合、次のように小数点を 1 つ右にずらします」

$$0.999 \times 10 = 9.990$$

「この場合、小数第 3 位の 9 （最後の桁の 9）が 0 に変化
していることに注目してください。この変化がないと、10
を掛けたことにはなりません」

【有限小数の 10 倍】
（1）小数点の位置を右に 1 桁だけ右にずらす。
（2）もとの小数の最後の桁を 0 にする。

「この 2 つの手順を終えたときのみ、有限小数を 10 倍し
たことになります。それに対して、次なる式はどうでしょ
うか？」

$$0.999\cdots \times 10 = 9.999\cdots$$

「小数点を 1 個分だけ右側に移動しています。しかし、最
後の桁が存在しないため、有限小数のように最後の桁を 0
に変えることができません。これは証明としては致命的な
欠陥です」

【無限小数の10倍】
（1）小数点の位置を右に1桁だけ右にずらす。
（2）もとの小数の最後の桁を0に変えられない。

「これより、無限小数の場合、小数点を1桁だけ右側に移動するだけでは10を掛けたことになりません。つまり、①から②に移るときにミスがあります。よって、この証明は無効です」

「そんなことはない。②－①で無限に続いている9をいっぺんに取り去ったのだから、何も残らないはずだ」

「いいえ、すべてを一瞬に取っ払うことはできません。小数第1位の9を取っ払い、小数第2位の9を取っ払い、小数第3位の9を取っ払い、…と無限に続きます。無限は終わらないのですから、すべてを取っ払うことはできません。つまり、$9.999\cdots$から$0.999\cdots$を引くことはできません」

◆ S＝－1

「いや、この証明は間違っていない。次の無限級数の和は明らかに1になる」

$0.9 + 0.09 + 0.009 + 0.0009 + \cdots$

「じゃあ、1＋2＋4＋8＋16＋…という無限級数の和は？」

「決まっている。∞だ」

「じゃあ、計算してみましょう。こんどは、dの代わりにSと置くわね」

$$S = 1 + 2 + 4 + 8 + 16 + \cdots$$
$$= 1 + 2 \ (1 + 2 + 4 + 8 + 16 + \cdots)$$

「カッコの中はSと同じよ。だから、これにSを代入するわね」

$$S = 1 + 2S$$

「これからSを解くと－1になるわ」

$$1 + 2 + 4 + 8 + 16 + \cdots = -1$$

「ギャー！」

　ヒルベルトは悲鳴のような声を上げました。

「日ごろから『…』という記号は大変な曲者だって、ヒデ先生は口を酸っぱくして言っていたわ」

「これはどういうことだ？」

「ヒルベルトおじさんも知っているように、このおかしな

146

等式はオイラーが証明したの。左辺はどんどん大きくなっていくにもかかわらず、『…』の部分を無限に足し終わると負の数に変身するの。ヒデ先生は、この式は間違っているって言っていたわ」

「確かに。∞＝－１という等式は成り立たず、どこかで勘違いしているはずだ」

「それは『…』の使い方だよ～。0.9999…＝１の証明のときの『…』の部分をごっそり引くのも間違いで、Ｓ＝－１の証明のときの『…』の部分をごっそり入れ替えるのも間違いだって。この両者は実無限に基づく証明であり、実無限が矛盾していることの証拠だってさ～」

◆　タカギお兄さん

　そのとき、１人の青年が近づいてきました。

「グーテン、モルゲン」

「ああ、おはよう。君か」

「隣に座ってよろしいでしょうか？」

「ビテ」

「やはり、ここにいらしたのですね」

　その青年はヒルベルトおじさんの隣に腰をおろしました。どうやら、知り合いみたいです。

「暑いですね」

「ああ、もう８月だな」

　ヒルベルトはミーたんたちに向き直って聞きました。

「ところで、君たちはどこの学校に通っているんだい？」

「ノワツキ学校」

「ノワツキ学校？　それはどこにあるんだい？」

「ガワナメ星」

「シー！　ダメよ」

「ははあ、君たちは宇宙人だったのか。だから極秘事項なんだね。わかった。これは聞かなかったことにするよ」

　ヒルベルトおじさんは話を合わせてくれたようです。

「それにしても、君たちはドイツ語がうまいね。一見すると東洋人のような顔をしているけれど。ところで、私の隣に座っているこの東洋人は日本から来た国費留学生だよ。君、自己紹介したまえ」

「はい。タカギです。よろしくお願いいたします」

　その青年は深々とおじぎをしました。声が少し低いようです。

「お兄さんもドイツ語がうまいね」

　タカギお兄さんは恥ずかしそうに頭をかいています。

「でも、東洋人とか日本とかはどういう意味？」

　タカギお兄さんは優しく教えてくれました。

「日本はこの国から遠いところにあるんだよ。小さな島国だが素晴らしい国だ。東洋人とは、私のような日本人を含むアジアの人種のことだよ」

「お兄さんは日本からわざわざやってきたの？」

「そうだよ。数学を勉強するためにドイツにやってきて、ヒルベルト先生に教えてもらっているんだ。ヒルベルト先生は世界最高の数学者だからね」

　タカギ青年は恩師ヒルベルトを尊敬のまなざしで見ています。しかし、肝心の恩師のほうはボンヤリと天井を見つめています。そんなおじさんをミーたんとコウちんもまじまじと見つめました。相変わらず、おじさんのズボンの破れた穴が気になります。

「君たちもしっかりヒルベルト先生に教えてもらうんだよ。日本の数学はヨーロッパより50年も遅れているんだ」

「へ〜、そうなの〜？」

「ああ、紀元前300年ころのユークリッドが書いた原論が日本語訳で初めて出版されたのは、今からわずか25年前なんだ。でも、こんなことではいけない。僕は日本に帰ったら、日本の数学を発展させるために、そして数学教育の充実のために、自分の人生を賭けるつもりだ」

◆　解析概論

　この言葉を聞いたとたんに、ヒルベルトはボンヤリした雰囲気からいきなり現実に戻ってきました。

「数学に命をかけることはとても素晴らしいことだ。タカ

第4幕　ヒルベルトとの出会い　149

ギ君はとても優秀なんだ。彼はすでに日本に帰ったら、本を書くつもりだよ」

「へ～、何という本なの？」

　タカギ青年は即答しました。

「解析概論さ」

「わしはその中に、ぜひ、対角線論法を記載するように言ってある」

「はい。必ずカントール先生の対角線論法を記載し、それを広く日本に知らしめます。そして、対角線論法を中心とする無限集合論の普及に努めます」

「ヒデ先生も、対角線論法の誤りを広く世間に知らせるために努力しているわ」

　ヒルベルトおじさんとタカギお兄さんは、お互いに目を合せました。

「そりゃ困るな。君たちのやっていることは、わしらのしていること正反対だからな。ところで、その首からぶら下がっているものは何だい？」

「宇宙語翻訳機だよ」

　最近の宇宙語翻訳機はとても信頼性が高くなり、あらゆる宇宙人とも正確にやりとりができるようになっています。

「どんな言語もコンピューターで瞬時に自動翻訳してくれるんだ」

「そりゃ便利だ。コンペートー…」

「コンピューターだよ」

150

「面白い名前だな。これから国際会議があるんだけれども、ちょっと貸してくれないかな？」

「１台余っているからいいよ」

　コウちんはポケットから１台を取り出して、ヒルベルトおじさんに渡しました。ヒルベルトは珍しそうにそれをいじくり回しています。

「おじさんも首にかけてみたら？」

「そうか」

　おじさんは素直に首からぶら下げました。

「どうだ？」

　コウちんとミーたんはくすくす笑っています。

「似合うよ～」

「タカギ君、君はどう思う？」

　タカギ青年は顔を少しひきつらせています。

「に、に、似合うと思います」

「よし、今日の会議はこれをぶら下げて出席しよう。あ、そうそう。タカギ君は今度、助教授になったそうだな。おめでとう」

「ありがとうございます」

　ミーたんとコウちんもお祝いを言いました。

「おめでとうございます」

「おめでと～」

　でも、コウちんは助教授という仕事が何か、あまり理解していないようでした。一方、ヒルベルトの目がトロトロ

第４幕　ヒルベルトとの出会い　151

しています。とても眠そうです。特別講演の準備であまり
寝ていなかったのでしょう。

◆　無限集合論による抽象化

　ヒルベルトはうつらうつらしていたかと思うと、やがて
テーブルに突っ伏して、かすかな寝息を立て始めました。
「お兄さん、地球の数学を教えてよ〜」
　タカギ青年はヒルベルトが眠った後、代わりにミーたん
たちに講義し始めました。
「昔の人は、無限というものをいくらでも変化する状態と
考えていたんだよ。しかし、これは間違いだったんだ。本
当の無限が存在していたんだよ」
「本当の無限って？」
「たとえば、自然数全体の集合さ。これが最も代表的な無
限だよ。カントール先生は、無限をアリストテレスの考え
たような『未完成な状態』とはみなさなかった」
「へ〜」
「先生は無限を『完全にでき上がったもの』として考えた
んだ。これは何でもないことのようだが、実は非常に型破
りな発想であり、とても素晴らしいことなんだよ」
「ふ〜ん」
　コウちんは素直に驚いています。

「無限集合論では『自然数全体の集合における自然数の総数と実数全体の集合における実数の総数が同じではない』とか『直線上の点の個数と平面上の点の個数が同じである』など、不思議な現象がいっぱい出てくる。このような大胆なことを言うには、とても大きな勇気と強い意志が必要だったんだ」

　タカギ青年は対角線論法を書き始めました。日本語を織り交ぜたドイツ語の文字はとてもきれいです。数字も数式も大変に読みやすく書かれています。

「これは、カントール先生の偉大な証明だ」

　しかし、次の瞬間、彼の顔に曇りが生じました。そして、タカギ青年は心配ごとを打ち明けてきました。

「でも、僕には一抹の不安があるんだ」

「それはなんなの？」

「カントール先生の無限集合論によって、数学が急激に変りつつあることは確かだよ。その一番の特徴は抽象化なんだ」

「抽象化…」

「それなんだ、キーワードは。ヒルベルト先生は、数学の基本的な用語まで無定義にした。その結果、点も線も面も抽象的になって、とらえどころがなくなってしまった。僕には抽象化がどこまで進むのか、まったく先が見えないんだ」

　「ヒデ先生は見えているわ」

第4幕　ヒルベルトとの出会い　153

「さっきから出てくるヒデ先生とは、どんな人なんだい？」
「ここだけの話だけれども、ガワナメ星の数学教授よ。対
角線論法の研究の第一人者よ」
「でも、第一人者はそれを考案したカントール先生自身だ
よ。もちろん、対角線論法は正しい背理法に決まっている
よ」
「いいえ、間違っていると思うわ」
「では、どこが間違っているのかな？　その対角線論法の
間違いとやらを教えてくれないかい？」
　タカギ青年は素直に子どもたちから教えを乞うています。
もし、対角線論法が間違った背理法ならば、それを日本に
持ち帰ることがいかに危険か、容易に予想できたからでし
た。そのときです。恩師ヒルベルトが目を覚ましました。

◆　抽象化の害毒

「何の話をしていたのかな？」
「数学の抽象化について子どもたちの教えていたのです」
　タカギ青年は言いました。
「抽象化にも、実のある抽象化と実のない抽象化があると
思います」
「その２つはどのように見分けるのかね？」
　恩師ヒルベルトの質問に、タカギ青年は答えを失いまし

た。

「私には答えられません。しかし、私は抽象化に対して期待と不安を抱いています」

「私は期待のほうが大きく、不安は少ないがね。君の持っている不安とは何かね？」

「抽象化が度を超すと、それ自身の中に害毒が現れてくるように思われます」

「害毒とは何かね？」

　青年は口ごもりました。なぜならば、抽象化を強力に推し進めている恩師の前で、それに水を差すことになるからです。

「抽象化の害毒とは、自己矛盾のことです」

　そうはっきりと言いたかったのですが、喉まで出かかっただけで、とうとう言い出せませんでした。ヒルベルトが中心となって推し進めている数学の抽象化は、タカギ青年の眼前で着々と進行していました。そして、この青年もまた、抽象化の流れに巻き込まれ、やがては飲み込まれていく運命にありました。

「確かにそうですね」

　タカギ青年は再び、抽象化を全面的に認めます。

「抽象化したからこそ、数学がいろいろな場面に応用できるようになったのだ。タカギ君、抽象化はとても大切だ」

　おじさんの青い目はキラキラ輝いています。

「抽象化の代表は、何といっても高次元空間だ。３次元の

第4幕　ヒルベルトとの出会い　155

世界しか見えない人よりも、4次元の世界も見える人のほうが、ものごとを広く考えることができる」

　3次元空間は具体的ですが、4次元空間は抽象的です。5次元空間や6次元空間はさらに抽象的であり、無限次元空間となると、抽象的というレベルをとっくに超えています。

◆　パリ万国博覧会

　ヒルベルトは顔に汗をかいています。
「それにしても、うだるような暑さだな。ところで、今日は何日だったっけ？」
「8月8日の水曜日です」
「そうだったな。ところで、タカギ君は万国博覧会を見たかね？」
「いいえ、まだ見ていません」
「ぜひ、大学に戻る前にヨーロッパの偉大さを知ってくれたまえ。驚くなかれ、パリの万国博覧会には動く歩道やエスカレータがあるのだよ」
「デパートにもあるよ」
「シー！」
　ミーたんはコウちんを制しました。
「オリンピックには行ったのか？」

「はい、行きたいと思います」

「今回は女性選手が参加しているんだ。これは、オリンピック史上初だ。これからは、スポーツや数学にも女性がどんどん進出しなければならん。わしは、それらを歓迎する」

「先生は女性に対しても寛大ですね」

「もちろんだ、女性が学問をすることも大変に良いことだ。しかし、君、結婚してはいかんぞ」

「どうしてですか？」

「学者として仕事が十分にできなくなる」

「でも、結婚して子どもを作って立派に成功している学者もいます」

「子どもなんてとんでもない！」

　このヒルベルトの怒声に、ミーたんとコウちんは恐れおののいています。

「ああ、ごめん。君たちのことではない」

　ヒルベルトは話をはぐらかしました。しかし、タカギ青年は恩師についていく自信がなくなりました。将来起こるかもしれない実無限から出てくる害毒の不安と結婚を否定された不安に襲われたからです。

「すまん、すまん。言い過ぎた。わしも結婚しているんだ。子どももいるよ」

「はい」

　タカギ青年は書類を片付けています。

「どこに行くの〜？」

第4幕　ヒルベルトとの出会い　157

「ゲッチンゲンに帰るよ。ヒルベルト先生の特別講演を聞いた後にね」

　ヒルベルトは、青年を優しく案じました。

「気をつけて帰るように…」

　タカギ青年はヒルベルトに丁寧なお辞儀をしました。

「バイバ～イ」

　店を出る青年の背中にコウちんは手を振っています。青年も振り向いて手を振ってくれました。

◆　集合論と幾何学

　タカギ青年が帰った後、今度はヒルベルトが数学を教えてくれます。

「あらゆる数学的な概念は、『集合』と『要素』という２つの考え方が基本になっている。つまり、集合論は数学の基礎である」

　ヒルベルトは胸を張って続けます。

「もちろん、幾何学とて例外ではない。集合論は幾何学の基礎をもなしている。具体的に言うと、集合論と幾何学を対応させて、集合を空間と呼び、要素を点と呼ぶのだ」

【集合論と幾何学の対応】
　集合＝空間

要素＝点

「このように対応させると、集合は要素の集まりであり、空間も点の集まりとなる」

　ヒルベルトはさらに自説を述べようとしましたが、今度はコウちんが割って入りました。

「しかし、そこには大きな落とし穴があるよ〜。それは、**集合は要素の集まりだけど、空間は点の集まりではない**ということだよ〜。つまり、集合と空間はまったく異質なもので、さっきのような対応は成り立たないよ〜」

　ヒルベルトは唖然としました。まだパトカーのおもちゃでウーウーと遊んでいるような幼い子どもに、自説を根底からひっくり返されそうになったからです。ミーたんも、うんうんとうなずいています。

「それは誰から聞いたんだい？」

「ヒデ先生から教えてもらったわよ」

「ち、またあいつか！」

◆　**電子辞書**

「無限集合論からはラッセルのパラドックスが出てくるわよ」

「何だ、そのラッセル…とやらは？」

第4幕　ヒルベルトとの出会い　159

「『自分自身を要素として含まない集合の集まり』から矛盾が出てくるんだよ。ラッセルという人が考え出したんだよ〜」

　ヒルベルトにとっては初めて聞いた名前でした。

「そのラッセルという人はどういう人なんだ？」

　電子辞書で地球の歴史を調べたミーたんは即座に答えました。

「イギリス人です。第1回国際哲学者会議に出席しているわ。でも、もう終わっているかもね、きっと」

「まったく変なことを言うね、君たちは」

「ラッセルのパラドックスが集合論を壊すんだよ〜」

　ヒルベルトは一生懸命考えています。

「君たちは本当に地球人？」

「だから、ガワナメ星人だってば〜」

「お譲ちゃん、その手に持っているものは何だい？　見せてくれないかな？」

「いいよ〜」

　コウちんは、ミーたんから電子辞書をひったくってヒルベルトに渡しました。他人に何でも見せたがるコウちんでした。

「渡しちゃだめじゃないの」

「へへへ〜」

　コウちんは無邪気に笑っています。ヒルベルトは恐る恐るボタンを押しました。すると、画面上に文字が現れまし

た。
「オー!!!」
　まるでお化けでも見たように奇声を上げました。それと
同時に、店内にいたお客さんと店員たちがいっせいにヒル
ベルトたちを見ました。
「何だ、これは！」
「電子辞書よ」
　ヒルベルトは見る見るうちに満面笑みになり、恐る恐る
申し出ました。
「わしもほしい。１台くれんかな？」
「う～ん、考えておくわ」
　ヒルベルトは何が何でもこれをほしくなりました。まる
で、とっても面白いおもちゃを触っている幼い子どものよ
うなはしゃぎようです。その顔は、パトカーをいじってい
るコウちんの今の顔と似ています。
「ここ押してみて。関数電卓になるのよ。２のルートが出
てくるよ」
　ヒルベルトはたちまち現れる$\sqrt{2}$の数値に酔い痴れました。
彼は面白がって、今度は適当な１０桁くらいの整数を入力
してルートキーを押しました。すると、瞬時に平方根が出
てきました。
「信じられない。魔法の器械だ。君たちが宇宙人であるこ
とは素直に認めよう」
「でも、内緒にしていてね」

第４幕　ヒルベルトとの出会い　161

小さな女の子から頼まれたヒルベルトは、いやとは言えませんでした。

「このボタンは何だ？」

「ロガリズムよ」

「これは？」

「アークタンジェントよ」

「信じられん。中を見たい」

　ヒルベルトは電子辞書をひっくり返して、裏を見ています。

「分解してもわからないわよ」

「そんなことはない。わしは子どものころには時計を分解して中のメカニズムを理解したもんだ」

「ただの機械仕掛けじゃないのよ。中にはＩＣチップが入っているの。その配線は細すぎて、肉眼ではとても見えないわ」

「は〜？」

「おじさんがいくら分解しても、この電子辞書が$\sqrt{2}$を計算できたしくみは解けないと思うわ」

◆　モグラたたき

　ヒルベルトは仕方なく、電子辞書を返しました。そしてまた力説します。

「集合論は、数学の中でも特に素晴らしい理論である。そして、それは人間の知性の中でも最も美しいものの1つである」

　さらにテーブルをドンと叩きました。コップに入った水が少し飛び散りました。

「無限集合論は、これからの数学にはなくてはならない存在だ。それは微分積分学を支える基礎となり、また、新しい数学の研究分野を増やしていくであろう」

「でも、パラドックスが出ているわよ」

「そんなのは気にするな。適当な手段を使えば消えてくなる」

「さすが、器が大きいわね」

　そう言われたヒルベルトはまんざらでもありません。

「われわれがなすべきことは集合論を救うことだ。壊すことではない。しかし、一部の数学者は集合論を壊すことしか考えていない。本当に彼らには困ったもんだ」

　ヒルベルトは続けます。

「集合論のパラドックスは、言葉の曖昧さに由来している。数学は厳密な学問であるため、言葉をいい加減に使うと、すぐに矛盾が発生してしまう。集合論にパラドックスが存在していると勘違いしている数学者は、集合の定義が不完全なことに気がつかないだけだ。集合を日常の言葉で『ものの集まり』と素朴に定義するのがいかん」

「いかんて、どういうふうにいけないの？」

第4幕　ヒルベルトとの出会い　163

「『もの』は、数学の専門用語ではない。『集まり』も数学の専門用語ではない。だから、『ものの集まり』は数学の専門用語ではない。数学の大切な問題をこのような日常の言葉で語られると、数学の本質がゆがめられてしまう」

「じゃあ、どうすればいいのかしら？」

「どういうものの集まりが本当の集合なのかを明確に定めて、パラドックスが発生しないようにすればいい」

「よくわかんない〜」

「君たちに抽象的な話をしてもわからないのは無理もない。要するに『もの』を制限することによって『すべての集合を集めたもの』が集合にならないようにすればいいんだ。これで、カントールのパラドックスは一件落着だ。そして、これを実現できるのは集合論の公理化のみである」

「それは見せかけの解決かも〜」

「パラドックスの解決に見せかけも本物もない」

　ヒルベルトは自信満々です。

「確かにカントール先生が無限集合論を発表し、やがて、そこに壊滅的なパラドックスがいくつも発見された。集合論の公理化とは、このパラドックスを1つ1つつぶしていく行為なんだ」

「モグラたたきだね。ラッセルのパラドックスも叩き潰すの？」

「何だ、そのモグラたたきとは？」

「穴から出てきたモグラを1匹ずつたたいていく体感ゲー

ムだよ〜」

「そんなゲームはゲッチンゲンにはないぞ。それが集合論とどう関係してくるんだ？」

「集合論からはパラドックスが出てくるわ。そのパラドックスを回避する公理を持ってくると、別のパラドックスが出てくるのよ。そのパラドックスを回避する公理を持ってくると、今度は別のパラドックスが発生するの。それを試行錯誤で繰り返して、ようやく、パラドックスが発生しなくなるのよ」

「そのとおりだ。それこそがパラドックスに対する正しい対策だ。これを世界中のみんなで考えなければならない。パラドックスのモグラたたきは集合論を救うであろう」

　ヒルベルトは天を見上げています。彼の考え方は実に楽観的です。

◆　ツェルメロのパラドックス

「でも、集合論の問題はカントールのパラドックスだけではないわ。ラッセルのパラドックスもあるわよ」

「また、ラッセルのパラドックスか。カントールのパラドックスは知っているが、そんなパラドックスは知らん。なんだ、そのラッセルのパラドックスとは？」

　この当時、まだラッセルのパラドックスはあまり知られ

ていませんでした。ヒルベルトはミーたんから、ラッセルのパラドックスについて説明を受けています。

「なるほど。そのパラドックスは実に我慢ならんものだ。そういえば今思い出したが、そのようなパラドックスの存在はツェルメロから聞いたことがあったな。そのときは、あまり真剣に考えなかったが…」

　言葉を選びながら、ヒルベルトは見る見るうちに険しい顔になりました。

「それはカントールのパラドックス以上に厄介だ。将来、集合論に巣食う怪物に変身するかもしれない」

「怪物以上よ」

　ミーたんははっきりと言いました。この言葉がヒルベルトをさらに暗くしました。

「学問の中でもっとも信頼性の高いのは数学だ。そして、この確実性の高い数学を支えているのが集合論だ。もし集合論から矛盾が出てくるのであれば、数学自体が欠陥品になってしまう。その結果、数学の力を借りている物理学もまた欠陥品になってしまう。そしたら、われわれはどこに真理を求めたらいいのか？　科学はどこに足場を組んだらいいのか？　まったくわからなくなる」

「数学を土台として発展してきた物理学は、肝心のはしごを外された気分でしょう」

「そうだ。物理学はスッテンコロリンしてしまう。しかし、数学は物理学の期待を裏切ってはいけない。この集合論の

パラドックスを回避するためのうまい方法があるはずだ」

　ヒルベルトは模索しています。

「それは集合の制限であり、矛盾を導き出す集合を蚊帳の外に追い出せばよい。そのためには、公理化が最善策だ。矛盾を導き出す集合を公理で無理やり押さえつければ済むことだ。これからは、集合論の公理化の時代がやってくるに違いない」

◆　国際数学者会議への誘い

「それにしても、無邪気な子どもの論理もあなどれん」

　ヒルベルトは改めて驚いています。

「君たちの才能はピカイチだ。持っている器械も驚きだ。君たちは地球の数学の歴史を変えるかもしれない。ぜひ、私と一緒に国際数学者会議に参加してくれたまえ。ある人を紹介するよ」

「ある人って？」

「ドイツに私あり、フランスに彼あり、とされているフランス人さ」

「へ〜、会ってみたい〜」

「じゃあ、さっそく会場に行ってみよう」

　おじさんはウェイトレスを呼んで、会計を済ませました。そのとき、ウェイトレスさんはミーたんとコウちんにウィ

第4幕　ヒルベルトとの出会い　167

ンクしながら、おいしそうなキャンディーをくれました。ヒルベルトはその光景を優しく見守っています。

　3人は軽い足取りでカフェを出ました。ミーたんもコウちんも、大人の知的な世界に入ることにワクワクしています。ヒルベルトはヒルベルトで、国際数学者会議にこの小さな2人の天才を連れていくことに大きな期待感を持っています。歩くと、首からぶら下げた翻訳機が軽く音を立てて胸に当たります。ヒルベルトの耳には、それがとても心地よく響きます。

第5幕

第2回国際数学者会議

◆ ソルボンヌ大学

　やがて、３人はソルボンヌ大学のとある講堂に着きました。入り口には『第２回国際数学者会議』という立派な看板が立てられています。

「へ～。ここが数学の国際会場なんだ」

　コウちんは興味津々です。中に入ると、受付できれいなおねえさんがペンを渡してくれました。

「この欄にお名前をお書きください」

「どうするの？」

「言われたとおりに書けばいいわ」

　２人はそれぞれ名前を書きました。

「外国の方ですか？」

　おねえさんは、ミーたんとコウちんの書いたガワナメ語を読めなかったようです。

「事前登録の名前が見当たりませんね…本当に数学者でしょうか？」

　そのとき、ヒルベルトが事情を説明しました。

「この２人は天才子ども数学者なんだ。私が特別に招待したんだよ。こっちがミーたん、そっちがコウちんだ」

「よろしくお願いしま～す」

　２人は丁寧に頭を下げました。おねえさんも丁寧に頭を下げてくれました。

「わかりました」

おねえさんはネームカードにフランス語でさらさらと子どもたちの名前を書いて渡しました。
「今日は何人くらい集まりそうかな？」
「252名の予定でございます」
　ヒルベルトはまんざらでもない顔をしています。
「では、これをどうぞ」
　子ども2人はそれを首からぶら下げて、得意になっています。一方、ヒルベルトも首からネームカードと宇宙語翻訳機の2つをぶら下げています。うしろから続々とたくさんの先生が入って来ました。
「ヒルベルト先生、おはようございます」
「やあ、おはよー」
「ヒルベルト先生、おはようございます」
「やあ、おはよー」
　ヒルベルトおじさんは、おはようございますの連発を受けています。一人、東洋人らしき人もいました。
「あの人も東洋人らしいね」
　その人が近づいて来ました。
「おはようございます、ヒルベルト先生」
「おはよう。君は？」
「フジサワです」
「ああ、君がそうか。タカギ君から聞いているよ。何でも、彼の師匠だそうですね」
「光栄です。先生の第1席の講演の後は、私に第2席をや

第5幕　第2回国際数学者会議　171

らせていただきます」

「ああ、そうだったのか…タイトルは何だね？」

「『旧和算流の数学について』です」

「そうか。東洋の神秘を感じさせる面白そうな講演だな。では、お互い同じ年代なのだから、数学の発展のために一緒に頑張ろうではないか」

「はい」

「ところで、君は川でおぼれた子どもを服のまま飛び込んで助け上げたそうだな。異国の地でそのような素晴らしい行動ができるとは…君はサムライか？」

「光栄です。サムライではありませんが、武士道を重んじております」

「その武士道とやらを、ぜひ、教えてもらいたい」

「僕にも〜」

「私にも」

◆　ポアンカレ議長

　次に、コウちんはある1人のおじさんを見つけました。その人は、何となくポアンとしています。

「あの人、ひん曲がったメガネをかけているね」

「シー！　ポアンカレ議長だ」

　ヒルベルトはコウちんを制しました。

172

「フジサワ君、また後で」

　足早に挨拶に行くヒルベルトを追って、2人は小走りをしました。

「グーテンモルゲン！」

「ボンジュール」

「お元気ですか？」

「ヒルベルト君も元気なようだね」

　コウちんは、さっそくポアンカレ議長の袖を引っ張って聞きました。

「おじさんのめがねはどうしてひん曲がっているの？」

「ああ、これかね？　これは…私の心がひん曲がっているからだよ。アハハハ」

　ポアンカレ議長は心の広い人でした。そしてヒルベルトに突然聞きました。

「ところで、カントールの集合論はおかしくはないのかね？」

　ヒルベルトは必死に反論します。

「そんなことはありません。カントール先生の作り上げた集合論は永遠に不滅です。われわれが命を賭けて、それを守り抜きます」

「でも、集合論からはたくさんのパラドックスが出てくるのであろう？　だったら、これは誰の目から見ても明らかだ。無限集合論は矛盾している」

　ヒルベルトは次第に不機嫌になりました。

「いいえ、そのパラドックスは適切な方法で回避できるでしょう。それを探し出すのが、これからのわれわれの使命です」

「いいや、わしは集合論がいつか消えてなくなる運命にあると思うのじゃよ」

「それは議長としての適切な発言ではありませんな」

「失礼しました。撤回しましょう。その代わり、今日の特別講演をしっかりお願いしますね」

　ポアンカレは、ヒルベルトの肩をポンとたたきました。

「任せてください」

　ヒルベルトは自分の胸をポンと叩きました。

「必ず歴史に残る名講演をいたします」

「そうだな、真理の探究こそが人類の究極の目的である。それにしても、君にこんなかわいい子どもたちがいたなんて知らなかったよ」

　ポアンカレはミーたんとコウちんをじっと見ています。ヒルベルトはすぐに否定しました。

「いいえ、私の子ではありません」

「はて、それでは誰の子かな？」

「宇宙の申し子です。地球の数学を正すために、遠い星からやって来たそうです」

「違うよ。地球に迷い込んだだけだよ～」

「それよりも、そろそろ時間だ。中に入ろう」

「そうですね。君たちも中に入って資料を配ってくれない

かな？」

「は〜い」

　ポアンカレとヒルベルトに続いて、ミーたんとコウちんも会場に入って行きました。すでに会場いっぱいに人が集まっています。子どもたち2人は最前列に座りました。

「じゃあ、みんなにこれらを配ってくれんかな？」

「はい」

　ミーたんとコウちんは、渡されたフランス語で書かれた講演資料をみんなに配っています。幼い子どもたちから資料を受け取りながら、みんなはイベントの一種だなと思っているようです。ヒルベルトはなかなかのアイデアマンに見られています。

◆　開催宣言

「みなさん、お待たせしました。これから、第2回国際数学者会議を開催したします」

　ポアンカレは堂々と開催宣言をいたしました。

「これからの時代には数学の重要性がさらに増すでしょう。数学は科学を根底から支えています。われわれ数学者はこれをもっと自負しても良いはずです。数学には世界を変える力があります。特に、物理学を根底から変える力を秘めています。この数学者国際会議では、それを確かめ、さら

に推進させるという役割も持っています」

　ポアンカレ議長はヒルベルトを紹介します。

「最初に、ヒルベルト教授の特別講演を行ないます。テーマは、『数学の将来の問題について』です。では先生、よろしくお願いします」

　ヒルベルトおじさんはさっそうと壇上に上がっていきました。そして、とうとうみんなが待ちに待った特別講演を始めます。

「ただいま、ご紹介に預かりましたゲッチンゲン大学のヒルベルトです」

　顔がやや紅潮しています。

「皆さん、遠いところから、また、お忙しい中を集まっていただき、まことにありがとうございます」

　会場はシーンとしています。

「今回は、地球だけではなく、遠い星からのお客さんも来ています」

　ヒルベルトおじさんは、ミーたんとコウちんにウィンクをしました。2人とも嬉しくなりました。遠くで誰かが質問しました。

「誰ですか、それは？」

　みんなはあたりを見渡しています。ヒルベルトはこの光景を見て、優しく微笑んでいるだけです。

「今年は1900年です。もうすぐ新しい世紀が始まります。われわれは次なる20世紀という未知の世界を、これから

経験しなければなりません。おそらく、まったく想像もつかないほど科学も発展していることでしょう」

ヒルベルトは、首からぶら下げた機械を手に持って、高々とみんなに示しました。

「これは宇宙語翻訳機です。地球人の言葉以外にも、宇宙に登録されているすべての宇宙人の言語を瞬時に自動翻訳できる優れものです」

みんなは冷ややかに笑っています。ヒルベルトのパフォーマンスと思ったのでしょう。

「コホン」

咳払いをした後、ゆっくりと話し始めます。

◆ 数学の将来の問題について

ヒルベルトはドイツ語で講演を始めました。

「来年は新世紀です。その向こうに未来が隠れているベールを持ち上げて、科学のさらなる発展を一目見ようとしない人がいるでしょうか？」

さあ、とうとうヒルベルトの待ちに待った特別講演が始まりました。ドイツ語をよく理解していない人のために、彼はゆっくりと、そして注意深く話します。

「われわれは次なる時代を見据えて、数学を大いに飛躍させなければなりません」

第5幕　第2回国際数学者会議　177

聴衆は一言も聞き漏らすまいと真剣なまなざしでヒルベルトを見ています。

「科学の発展は数学の発展をもたらし、数学の発展は科学の発展をもたらします。来世紀には、数学をもとにした科学が驚くほど発展しているに違いありません。われわれ数学者が、今までにない新しい世界を作るのです！」

　ヒルベルトの話は自信にあふれて、実に堂々としています。

◆　ヒルベルトの23問題

「私は皆さんに、23個の未解決問題を提示したいと思います。しかし、時間の制約上、ここでは10個だけをご紹介します。お手もとのリストをご覧ください。まずは、数学史上の難問の1つである連続体仮説です」

　ヒルベルトは、まるで大事な話をするようにゆっくりと語ります。

「連続体仮説を生み出したのは、あの偉大なカントール先生です」

　聴衆はあたりを見回しながら、カントールを探しています。

「みなさん、残念ながら今日は、カントール先生はご欠席です。でも、4年後のハイデルベルクで開かれる第3回国

際数学者会議には、家族で参加されるようです。それはさ
ておき、連続体仮説は数学における最重要の課題です」

　みんなはシ～ンと聞いています。

「カントール先生の作り出した無限集合論は、これから数
学全体に極めて重要な役割を果たします。だからこそ、私
は最初に連続体仮説を持ってきました。これを若い君たち
に解いてほしいのです」

　若い数学者たちはうずうずしているようです。

「実数は自然数よりも数が多いことは、カントール先生に
よってすでに証明されています。しかし、実数全体の集合
Ｒが自数全体の集合Ｎの次に大きな集合であることは、ま
だ証明されていません」

　静寂の中に、次第に流ちょうになっていくドイツ語が響
きます。

「ＮとＲの間に中間の濃度を持つ無限集合Ｘが存在するの
か？　それとも、存在しないのか？」

　ヒルベルトは、用意された黒板にチョークで大きく書き
ました。

$$\exists X, \ \aleph_0 < Card \ (X) < \aleph_1$$
$$oder$$
$$\neg \exists X, \ \aleph_0 < Card \ (X) < \aleph_1$$

「Ｃａｒｄ（Ｘ）とはＸの濃度です。$\aleph_0$は自然数全体の

第５幕　第２回国際数学者会議　179

集合Nの濃度、$\aleph_1$は実数全体の集合Rの濃度です。この2つのうち、いったいどちらが真実か？　これをみんなで解いてほしい。これが解けたら、君たちは世界一の数学者だ！」

　そのとき、ワーという歓声が会場全体に響き渡りました。ヒルベルトは聴衆の心を完全に手中に収めたこと、そしてこの講演が数学史上に燦然と輝くであろうことを確信しました。

◆　質疑応答

　この後、ヒルベルトは最後まで特別講演を難なくこなしました。
「これにて、私の講演を終わらせていただきます。ご清聴ありがとうございました。」
　興奮のあまり、聴衆はまだワーワー騒いでいます。ポアンカレ議長は言いました。
「みなさん、ご静粛に。まだ、質疑応答が残っています」
　と同時に、最前列のミーたんはさっと手を挙げました。
「はい、お嬢さん」
「ガワナメ星のミーと申します。とても貴重なお話が聞けて感謝しております。ところで、連続体仮説は命題と言えるのでしょうか？」

ヒルベルトは意味が解らず、聞き直しました。
「どういうことですか？」
「ひょっとしたら、連続体仮説は非命題ではないのかと思いまして」
「そんなことはない。連続体仮説は真か偽のどちらかの立派な命題だ」
「それを証明することはできるのでしょうか？」
　ヒルベルトは考え中です。
「連続体仮説が命題であるかどうかなど、考えたこともなかった…」
　ポアンカレ議長は助け舟を出しました。
「他に質問のある方は？　講演内容でなくても、何でもかまいません。ヒルベルト教授の趣味についての質問でもいいですよ」
「はい」
　今度はコウちんが短い手を挙げました。
「はい、坊ちゃん」
「非ユークリッド幾何学について、聞きたいんだ〜」
　ヒルベルトはホッと胸をなでおろしました。彼の得意分野です。
「ヒデ先生は、非ユークリッド幾何学は矛盾していると言っていたよ〜。本当はどうなの？」
　聴衆は、子どもの幼稚な質問に失笑しています。
「ユークリッド幾何学も非ユークリッド幾何学も無矛盾な

第5幕　第2回国際数学者会議　181

ことを知らないとは、まだまだ子どもだな」

　ヒルベルトは笑いを抑えながら聞き直しました。

「ヒデ先生は、どんな根拠からそんなことを言ったのかな？」

　コウちんはヒデ先生の証明を披露しました。

◆　非ユークリッド幾何学の矛盾

　次のような5つの仮定を持つユークリッド幾何学を考えます。E_1～E_5は、それぞれ第1公理から第5公理（平行線公理）までです。

　E_1, E_2, E_3, E_4, E_5

　ユークリッド幾何学が無矛盾であれば、矛盾は存在しません。ユークリッド幾何学に矛盾が存在しなければ、その仮定はすべて真の命題です。ユークリッド幾何学の仮定がすべて真の命題ならば、平行線公理であるE_5も真の命題です。これより、次なる結論が出てきます。

　ユークリッド幾何学が無矛盾であれば、E_5は真の命題である。──（1）

次に、下記のような５つの仮定を持つ非ユークリッド幾何学を考えます。

　　E_1，E_2，E_3，E_4，$\neg E_5$

　これは、ユークリッド幾何学からE_5を取り除き、その代わりに$\neg E_5$（E_5の否定）を仮定に入れた幾何学です。

　この非ユークリッド幾何学が無矛盾であれば、矛盾は存在しません。非ユークリッド幾何学に矛盾が存在しなければ、この幾何学の仮定はすべて真の命題です。非ユークリッド幾何学の仮定がすべて真の命題ならば、$\neg E_5$も真の命題です。$\neg E_5$が真の命題であるならば、E_5は偽の命題です。これより、次なる結論が出てきます。

　非ユークリッド幾何学が無矛盾であれば、E_5は偽の命題である。 ── （２）

　（２）の対偶をとります。

　E_5が真の命題であるならば、非ユークリッド幾何学は矛盾している。 ── （３）

　（１）と（３）に三段論法を使います。すると、次なる結

論が得られます。

　　ユークリッド幾何学が無矛盾であれば、非ユークリッド
幾何学は矛盾している。

　この証明を聞いた後、ヒルベルトはすぐに反応しました。
「それはヒデ先生の勘違いだ。非ユークリッド幾何学は矛
盾などしていない。ユークリッド幾何学は平面上でのみ成
り立ち、非ユークリッド幾何学は曲面上で成り立つ。ヒデ
先生はこんな簡単なことを知らないだけだ」
「でも、ヒデ先生は言っていたわ。平行線公理は曲面上で
も成り立つって」
「そんなバカな」
「証明があるわ」
　そう言って今度は、ミーたんがヒデ先生から教わった証
明をみんなに見せました。それは、次のようなものでした。

◆　球面上の平行線公理

　ここでは、「曲面上の平行線公理」の代表として「球面上
の平行線公理」について述べます。

【平行線公理】

　1本の直線Ｌとその上にない1つの点Ｐがあるとき、その点Ｐを通って直線Ｌに平行な直線はただ1本存在する。

　この文を2つに分解してみます。

　1本の直線Ｌとその上にない1つの点Ｐが存在する。
　Ｐを通ってＬに平行な直線はただ1本存在する。

　そして、それぞれにＡとＢという記号をつけます。

　Ａ：1本の直線Ｌとその上にない1つの点Ｐが存在する。
　Ｂ：Ｐを通ってＬに平行な直線はただ1本存在する。

　平行線公理とはＡ→Ｂのことです。これは平面上では真の命題です。次に、球面上の平行線公理について考えてみましょう。
　球面上には直線は存在しません。したがって、球面上ではＡは偽の命題です。Ａが偽の命題ならば、Ａ→Ｂは真の命題です。これは真理表を書くとわかります。

Ａ	Ｂ	Ａ→Ｂ
1	1	1
1	0	0

0	1	1
0	0	1

　Aが0のときはA→Bは1になっています。したがって、次のことが言えます。

**　平面上だけではなく、球面上でも平行線公理は真の命題である。**

　同じ論理は楕円面上でも双曲面上でも成り立ちます。すなわち、次が結論されます。

**　平行線公理は、楕円面上でも双曲面上でも真の命題である。**

　直線が存在しない任意の曲面上では、平行線公理は常に真の命題として成り立っています。これは、平行線公理はいつでもどこでも成り立つということです。

**　直線が存在する平面上でも、直線が存在しない曲面上でも、平行線公理は常に成り立っている。**

　そうすると、「平行線公理は平面上では真の命題だが、球面上や楕円面上や双曲面上では偽の命題である」という間

186

違った思い込みがずっと長い間、続いてきたことになります。

　子どもたちのこの説明を聞いていた聴衆はびっくりしています。

◆　双子の兄弟

「では、どうしてわれわれは非ユークリッド幾何学も無矛盾であると勘違いしてしまったのであろうか？」

　その謎を知りたがっている聴衆に、ミーたんはヒデ先生から聞いた講義内容を伝えました。

「地球人が非ユークリッド幾何学を正しいと思い込んだ原因は、『公理の肯定』と『公理の否定』の類似性にあります。この２つは、とてもよく似ています」

「何をバカなこと言っている？　肯定と否定は全然似ていない。まったく正反対じゃないか！」

「はい、『定理の肯定』と『定理の否定』はまったく正反対であり、ちっとも似ていません。でも、『公理の肯定』と『公理の否定』は双子の兄弟のようによく似ています。というのは、次の２つの性質が同じだからです」

（１）他の公理からは証明されない。

（２）否定しても矛盾が証明されない。

第5幕　第2回国際数学者会議　187

「どうしてだ？　それを証明できるのか？」

「はい。まず、わかりやすいように次なる2つの幾何学を考えます」

ユークリッド幾何学：　E_1，E_2，E_3，E_4，E_5
非ユークリッド幾何学：E_1，E_2，E_3，E_4，$\neg E_5$

「この2つの違いは『E_5という平行線公理を持っているか？　$\neg E_5$という平行線公理の否定を持っているか？』です」

ヒルベルトはぶっきらぼうに突き放しました。

「当たり前だ」

「E_5は、他の公理E_1〜E_4からは証明されません。その理由は、公理同士はお互いに証明されないからです」

「そりゃ、そうだな。お互いに独立しているからな」

「また、$\neg E_5$も、他の公理E_1〜E_4からは証明されません。なぜならば、$\neg E_5$は偽の命題だから、偽の命題は真の命題から証明されません」

「むむむ…」

「よって、E_5も$\neg E_5$も『他の4つの公理E_1〜E_4からは証明されない』という共通の性質を持っています」

「ほほ〜」

「これより、新たな性質が証明されて出てきます。E_5は

188

証明されないのだから、その否定である¬E$_5$を仮定しても矛盾は証明されません。一方、¬E$_5$も証明されないのだから、その否定であるE$_5$を仮定しても矛盾は証明されません。よって、『否定しても矛盾が証明されない』という共通の性質を持っています」

「複雑やの〜」

「このように、『公理（真の命題）』と『公理の否定（偽の命題）』がそっくりなため、真の命題と偽の命題の区別がつかなくなって『平行線公理（真の命題）も認める』『平行線公理の否定（偽の命題）も認める』となってしまったのでしょう。この誤解から『ユークリッド幾何学（無矛盾な数学理論）も認める、非ユークリッド幾何学（矛盾した数学理論）も認める』という状態に陥ってしまったのだそうよ」

　コウちんも、ヒデ先生から聞いたことをさらにつけ加えます。

◆　公理を１個だけ否定する

　平行線公理が真の命題であれば、平行線公理の否定は偽の命題です。偽の命題を仮定とする理論は矛盾しています。よって、非ユークリッド幾何学は矛盾しています。この簡単な証明に間違いはありません。

今までの数学では「理論が矛盾していれば、その矛盾はきっと証明されて出てくるはずである」と思われてきました。

　しかし、非常に特殊な例が存在しています。それが、公理系の公理を１個だけ否定に変えた理論です。この理論は矛盾しているにもかかわらず、その矛盾が理論の内部から証明されません。

　たとえば、ユークリッド幾何学という公理系の公理を次の５つとします。

　ユークリッド幾何学：E_1，E_2，E_3，E_4，E_5

　E_5は有名な第５公理（平行線公理）です。この平行線公理を否定に変えてみると、次のような非ユークリッド幾何学が得られます。

　非ユークリッド幾何学：E_1，E_2，E_3，E_4，$\neg E_5$

　この幾何学は、平行線公理の否定という偽の命題を仮定として持っているから矛盾した幾何学です。しかし、この幾何学の内部からは矛盾が証明されて出てきません。

　その理由は簡単です。もし矛盾が出てきたら、平行線公理が他の公理から証明されたことになる —— 平行線公理は定理になる —— からです。この対偶を取ると、次のよ

うになります。

　平行線公理が定理でないならば（すなわち、平行線公理が正真正銘の公理ならば）、平行線公理の否定を仮定しても矛盾は証明されない。

　つまり、平行線公理が生粋の公理である限り、非ユークリッド幾何学は矛盾しているにもかかわらず、その矛盾が理論の内部からは証明されません。

◆　ロビー

「議長、終わりにしましょう」
「そうだな。終わりにしよう」
　ポアンカレとヒルベルトは、お互いに顔を見合わせながら、第2回国際数学者会議での非ユークリッド幾何学の話題を議事録に掲載しないこととしました。
「宇宙人の発言など、とても国際会議の議事録としては書けん」
「そうです。そもそも、この会議は非ユークリッド幾何学を蒸し返す場ではない。いまさら非ユークリッド幾何学が矛盾しているかどうかなど、話し合う余地はない」
　こうして、ヒデ先生の証明は闇に葬られることになりま

した。

「みなさん。これで質疑応答を終わります。では、第2回
国際数学者会議での特別講演の前半を終わります。ヒルベ
ルト先生、どうもありがとうございました。みなさん、盛
大な拍手でヒルベルト先生を送り出しましょう。ここで、
一時休憩とします」

　みんなは大きな拍手で、ヒルベルトやポアンカレ議長を
見送りました。会議は一次中断し、休み時間に入りました。
大勢の人たちがぞろぞろとロビーに出て行きます。みんな
は和やかな雰囲気で雑談に花を咲かせ始めました。

　ポアンカレとヒルベルトもロビーに集まりました。その
後からミーたんとコウちんもついてきます。ポアンカレは
子どもたちに聞きました。

「君はこれからどこにいくの？　君たちも高次元宇宙から
来たのか？」

　ミーたんとコウちんは首を横に振りながら答えます。

「違います。ガワナメ星から来たんです」

「その星はどこにあるんだね？」

「宇宙の端っこです」

「想像できない…」

　ポアンカレは首をかしげています。そんなポアンカレに
ヒルベルトは言いました。

「どんなことでも想像できなければいけません」

　ポアンカレは大きくうなずきました。

192

「そうだな。現にこの子たちが目の前に存在するのは事実だ。だから、想像できなくても存在することを認めなければならない」

「高次元空間と同じですな」

　高次元空間の話題に関しては2人の意見が一致したようで、高らかに笑い出しました。無限集合論で衝突していたことがまるで嘘のようです。

「しかし、われわれは数学だけではなく、物理学にも興味があるな」

「そうですね。われわれは数学者だけではなく、物理学者でもある。また、幾何学はユークリッド幾何学だけではない。今では非ユークリッド幾何学がどんどん発展している」

　大数学者2人は、まるで子どもたちの話を聞かなかったような素振りです。

「ユークリッド幾何学だけが正しい幾何学という常識はもはや通用しない。よって、ユークリッド幾何学から構成されるニュートン力学は過去の遺物となりつつある」

「それでは、ニュートン力学を否定した新しい物理学を作ろうじゃないか」

「いいねえ。しかし、ニュートン力学が使えなくなれば不便この上ない。だから、ニュートン力学を否定した物理学であってはならない。ニュートン力学を肯定しながら、これを含んでいるもっと大きな物理学にしよう」

「なるほど。そうすれば、使いたいときにはいつでもまた

第5幕　第2回国際数学者会議　193

ニュートン力学が使えますね」
「いわゆる、アウフヘーベンだな」
「また、ドイツ語か」
「ハハハ…」

◆ ポアンカレの相対性理論

「ところで、宇宙のどこでも時間の流れ方は同じであるという絶対時間は正しくはないかもしれない」
　ヒルベルトはビックリしました。ポアンカレがそんなことまで考えていたとは、想像もしていなかったからです。
「それって、まさにニュートン力学が正しくないかもしれないということですぞ」
「その通り」
　さらにポアンカレは続けます。
「お互いに相対的な運動をしている時計は、それぞれが別の時間を持つであろう」
　新しいもの好きのヒルベルトは大変に興味を示しました。
「わしらは、ニュートン力学に変わる新しい力学を作らねばならない」
「それはいったい何ですか？」
　思わず、身を乗り出しました。
「わしは、今年になってこんな式を考えたんじゃ」

$$E = mc^2$$

　ミーたんとコウちんはすぐにわかりました。しかし、ヒルベルトは生まれて初めてこの式を見たようです。ポアンカレの手帳に書き込まれた式を見て、ヒルベルトは質問しています。
「なんですか？　この式は？」
「エネルギーと質量の関係式じゃよ。これが本当に正しいかどうかは実験をしないとわからんが」
「先生は、これを論文にして発表したのですか？」
「いいや、まだしていない」
「早く発表しないと、先を越されてしまいますよ」
「なんでやねん？」
「当たっているかどうかなど二の次です。もし当たっていれば一攫千金のチャンスです。外れたらしばらく恥を忍べば済むことですから…」
「君もやるなあ～。では、５年をめどに発表しよう。それまでに理論を完成させなければ」
「５年後というと、1905年か…楽しみに待っていますね。新しい物理理論が誕生するかもしれないと思うとぞくぞくします。ところでその理論の名前は何にします？」
「もうそんなことまで考えているのか。互いに相対的な運動をしているのだから、相対性理論というのはどうかな？」

第５幕　第２回国際数学者会議　195

「ポアンカレの相対性理論…かっこいいですな」

　ここでヒルベルトははっと気がつきました。確か、ミーたんとコウちんが相対性理論とか言っていなかったっけ？この話を聞いていた子どもたちは、これ以上深入りするのはやばいと考えて、聞いていない振りをしました。

　一方、ポアンカレは、光の速度が一定であることを原理とする新しい力学の必要性をヒルベルトに必死に説いています。

◆　多様体

　2人は話に熱中して、紙を持ち出して絵を描き始めました。どうやら、光の速度を絶対視した物理理論の構築には、時間と空間を曲げる必要がありそうです。そこで、ポアンカレは曲がった空間におけるゆがんだ3角形を描きたいようですが、どうも思った図形にならなくて線もふにゃふにゃしています。

「ゆがんでしまった。わしは図画の成績が良くなかったんじゃ。絵が下手なんじゃよ」

「僕が代わりに描いてあげるよ〜。でも、おじさんの3角形はもともとゆがんでいるから、これでいいのじゃないの？」

　コウちんはササッと3角定規の絵を描きました。真ん中

に穴が1つあいています。

「わしが描きたかったのは3角形なんじゃが…」

「ごめん、3角定規を描いちゃった〜」

「穴はいらないよ」

　そう言いながら、ポアンカレはそれをじっと見つめていました。そして、次に近くに置いてある取っ手つきのコーヒーカップをじっと見つめました。そして静かに言い出しました。

「これからは新しい形の数学が主流になって行くだろう。これを予想したのがリーマンだ。彼が多様体という新しい形を提唱した」

　ポアンカレはさらに雄弁になりました。

「細かい形の違いを気にせず、穴の数が同じならば同じ形とみなす」

「先生は発想が直観的すぎます」

「画期的なアイデアは直観で行なうものであり、論理はアイデアを妨げる」

　ポアンカレは厳密さに無頓着で、論理を嫌う一面がありました。しかし、ヒルベルトはそれを好みません。

「いいえ、数学に直観は必要ありません。数学から直観を完全に排して、形式的な論理式の変形のみで証明を厳密に行なうべきです。この論理的な厳密さを保証するのが無限集合論です」

「はあ？　具体的に言ってくれんかな？」

第5幕　第2回国際数学者会議　197

「図形を点の集合とみなすことによって幾何学が大成した
ことはご存知でしょう？　幾何学ですら集合論で組み直さ
れたのです」

「それはそうだが…」

「そして、今日では幾何学は無限集合論なしでは成り立ち
ません。それだけではない。いかなる数学の分野も、すべ
て集合論で裏打ちされます」

　そして、ヒルベルトは大声で叫びました。

「これからは集合論の時代だ！」

　ポアンカレは冷めた声で反論します。

「わしは集合論に反対したくはないが、薄気味悪いのは確
かだ」

「何ですと？　集合論がキモイというのですか？」

「ああ、病的である」

　ポアンカレははっきりと言い切りました。

「カントールの集合論は病気だ。いつの日か、数学はこの
邪悪な病から癒されるであろう」

　ヒルベルトは大声で反論しました。

「そんなことはない！」

　周囲はビックリしています。

「私が23問題の筆頭に連続体仮説を挙げた理由を、議長
はまったく理解していないじゃないですか！　これでは、
私の名講演が台無しです。集合論は数学的知力のもっとも
見事な花であり、純粋に理性的な人間活動の最高の業の1

つです」

「そんなことはない。ヒルベルト君、集合論は病気だ。しかもたちの悪い疫病だ。伝染力がきわめて強く、やがて数学の全分野に蔓延し、数学は大いに苦しむ結果になるだろう」

「苦しまない！」

「いや、苦しむ！　しかし、安心するがよい。きっと未来の数学者が、カントールの集合論を正す日がやってくるに違いない。そして、集合論に蝕まれた数学を治してくれるにちがいない」

「そんな数学者は永遠に現れない！」

「いや、絶対に現れる！」

　とうとう、取っ組み合いの喧嘩が始まりました。周囲には多くの数学者たちが集まって、2人の喧嘩を見守っています。大数学者2人の喧嘩に、みんなは圧倒されています。しかし、言い争っている内容が非常に高度なだけに、誰も口出しはできません。

「大人気ないわ」

　ミーたんとコウちんは喧嘩の仲裁に入りました。2人はゼーゼーと息を切らしています。

「そうだな。ゼーゼー。お互いに若くないのだから、喧嘩は止めよう」

「そうですね。ハーハー。それにしても、ポアンカレ先生は、クロネッカー亡き後のカントール数学に対する敵対者

ですね」

「ヒーヒー。君の実無限の擁護ぶりにも感心したよ」

　２人の目のまわりには新鮮なアザができています。呼吸が落ち着いたところで、２人は仲直りをして固い握手をしました。周囲のみんなは安心しました。

◆　喧嘩の再開

　しかし、すぐに喧嘩は再開しました。

「でも、カントールの集合論のどこに納得がいかないのですか？」

「無限のとらえ方じゃよ。実際には、無限自体は存在しない。われわれが無限と呼んでいるものは、すでにどれほど多くのものが存在していても、さらに新しいものを作り出すことができるという『終わることのない可能性』に過ぎない。つまり、無限の正体は可能無限じゃよ」

　ヒルベルトは猛反対しました。

「それはアリストテレス哲学への先祖帰りじゃないですか！　数学が進化する過程において失った可能無限という亡霊が、こんなに高度に発達した現代数学の中で再び目を覚ますというのか…議長は数学を２０００年以上も後戻りさせて楽しいのですか？　無限自体は現実に存在しています。われわれは数学的に実在するものとして、無限に取り組む

ことができます」

「それは実無限じゃないか！」

「そうです。実在する無限イコール実無限です」

「いいや、実在する無限などは存在しない。君たちはこれを忘れており、矛盾にはまり込んでいるんじゃ」

　ポアンカレは、ヒルベルトに次のような説明しました。

『自然数全体の集合』をもっとわかりやすく説明すると『自然数を全部、それこそ１つ残らず集め終わった集合』です。これより、『自然数全体の集合』と『すべての自然数の集合』と『すべての自然数を集めた集合』と『すべての自然数を集め終った集合』と『すべての自然数を含み終わった集合』はみんな同じ集合です。

　ところで、「自然数全体の集合は、すべての自然数を含み終えている」ということは、最後に含み終えた自然数が存在するはずです。では、その自然数とは何でしょうか？

　もちろん自然数は無数にあるから、最後に含み終わった自然数などは存在しません。しかし、完結する無限で集合を作る場合、いったん完結させなければ自然数全体の集合を作り出せません。つまり、最後に含んだ自然数の存在を認めなければ完結しません。ここに『自然数全体の集合』が抱えている本質的な矛盾が存在します。

自然数全体の集合は、自然数を全部含み終わっている。

第５幕　第２回国際数学者会議　201

自然数全体の集合は、自然数を全部含み終わっていない。

　ポアンカレはさらに力説します。
「完結する無限という実無限は存在しない。『自然数全体の集合』はもともと矛盾している。よって、自然数を含む『実数全体の集合』も矛盾している。私にとって、この主張に疑問の余地はない」
　悔しくなったヒルベルトは言い返しました。
「私には 69 人の弟子がいる。あなたには弟子が何人いますか？」
　確かにポアンカレは生徒からの人気が薄く、弟子もほとんどいませんでした。今度は、ポアンカレが弱々しく反論しました。
「弟子の数がすべてではない…」
　ポアンカレは、弟子の数が多いほどその後の数学を牽引していく力 ―― 派閥の形成 ―― があることを自覚していました。そして、このまま行けば、自分が大切にしている直観が数学から消えてしまう運命にあることも予想できました。その不安から逃れるように話題を変えました。

◆　ポアンカレ予想

「そんなことよりも、次元について話し合おう」

「そうですね」

　高次元空間に関しては2人の意見はとてもよく合うので、すぐに仲直りをします。ポアンカレは、次元とは何かという問題を初めて詳しく研究しました。

「近頃の若者は想像力に欠けている。驚くなかれ、4次元の図形を想像することがまったくできんというのだよ。数学的な才能が欠如している学生が多くて困っている」

「まったくですな」

「ところで、わしは次のような問題を考えているんだ」

　　単連結な3次元閉多様体は3次元球面と同相である。

「ほほう。確かにそれは難しそうな次元問題ですな」

　ヒルベルトは想像力を働かせて、この問題の意味を理解して解こうとし始めました。しかし、なまじっかの知識では解けそうもないと感じました。

「どうじゃ、これをポアンカレ予想と名づけよう」

「それは矛盾しています」

「何がじゃ？」

「ポアンカレ先生は無限集合論に反対しているのでしょう？」

「もちろんじゃ」

「でも、そのポアンカレ予想は無限集合論における問題じゃないですか？」

「そうだったな」

「多様体も点の無限集合だから、無限集合論が正しくないと存在できないのですぞ」

「そうだった。では、もう少し研究を続けよう。すぐに発表しないで次のセントルイスのオリンピックと同じ４年後をめどに発表しよう」

「それよりも、先生も無限集合の正しさを認めて、すぐにポアンカレ予想を世間に公表してください」

「そ〜かの〜」

「実無限は、多様体にとっての命です。実無限がなくなれば、無限集合論が消えてなくなります。多様体は点の無限集合だから、集合論がなくなれば多様体も消えてなくなります。そのとき、ポアンカレ予想は意味のない問題となってしまいます」

　これを聞いたポアンカレは、即座にポアンカレ予想を発表することを決意しました。しかし、相変わらず肝心の無限集合を認めることをためらっています。

「では、ポアンカレ予想を維持するために、実無限だけはしぶしぶ認めることにしよう。ただし、無限集合は認めたくないの〜」

「想像力を鍛え上げれば、すぐに認められますよ。ポアンカレ議長、あなたは高次元空間の存在を認めるのですよね。その高次元空間は点の無限集合なのですぞ」

「そうだがの〜」

204

「高次元空間を認めて無限集合を認めないのでは、考え方が矛盾しています」

痛いところを突くヒルベルトでした。

◆　想像力

ヒルベルトは続けます。

「想像はわれわれをどこにでも連れて行ってくれる。そこには限界などない。想像力こそ、数学を発展させる原動力である」

「でも想像力がありすぎると、極端に抽象的な数学を生み出すであろう」

「いいじゃないか」

ヒルベルトは力説します。

「想像力とは抽象力のことだ。無限集合論も非ユークリッド幾何学も高次元幾何学も、想像力が豊かでないと理解できない」

ヒルベルトの想像力は強大であり、そこから繰り出される抽象化は未来の数学をたくさん作り出す底知れないエネルギーを持っています。まさに、ヒルベルトは人間離れをした才能を持った数学者であり、多くの若い数学者はヒルベルトのようになりたいと思っています。

「ものごとをいかに一般化して抽象的に表現できるか、こ

第5幕　第2回国際数学者会議　205

れこそが数学の醍醐味である」

　しかし、抽象的なものは理解することが困難です。それゆえに、抽象的な概念を理解したり、抽象的な表現をしたりする人が雲の上のような存在に思われることがあります。ヒルベルトもまた、学ぶ者に霊感を与えずにはおかない雲の上に住んでいる仙人のような人物でした。

「無限も想像力で作られる。想像力で一番大切なのは、ぼんやり理解である」

「なんですか、それは？」

「数学では『無限』や『無限大』や『無限小』をはっきりと定義していない。なぜならば、無定義語としてぼんやりと理解していればいいからだ」

　実に大胆な発言です。

「無限を深く愛したのがカントール先生である。彼こそが、数学史上に最も燦然と輝く知的な人物であり、彼の作り出した背理法の最高傑作である対角線論法は、永遠に消えることのない素晴らしい業績だ」

　若い数学者たちも合唱しています。

「対角線論法は永遠に不滅だ！」

「無限集合論も永遠に不滅だ！」

「そうだ！　カントール先生は無限集合論をたった１人で作り出し、数学に革命を起こした。集合論は、１人の天才によるもっとも優れた作品の１つである」

　ヒルベルトはさらに語り続けます。

「そして、これは純粋知性の活動による無上の成果の1つである」

「本格的な矛盾に見舞われたのも、この集合論からよ」

「なんだ、その本格的な矛盾とは？」

「カントールのパラドックスやラッセルのパラドックスです」

「また、そこに舞い戻るのか」

「そろそろ、喧嘩はやめよう」

「そうだな。お互いに平行線で実りは少ないようだ」

◆　宇宙語翻訳機

「じゃあ、僕たちはそろそろ帰るね。おじさんたちも仲良くやってね」

「わかった」

　ヒルベルトとポアンカレは、お互いに笑顔で固い握手をしました。

「良かった～」

「君たちも元気でな」

「バイバイ」

　大数学者たちに手を振られた子どもたちは、会場を後にしてもとの公園に戻り、ＵＦＯに乗り込みました。

「しまった、おねえたん。宇宙語翻訳機を返してもらうの

を忘れた〜」

　でも、ＵＦＯは自動的に出発してしまいました。一方、パリのホテルに帰ったヒルベルトは、ねじ回しでその翻訳機をバラバラに分解し、メカニズムを解明しようとしています。でも、パーツが細かすぎて途方に暮れています。

「おかしいなあ。この器械はいくら分解しても何が何だかちっともわからん。いったい、どうなっているんだ？」

　謎は尽きないようです。

第6幕

ブルーノとの対話

◆　サンタンジェロ城

　サクくんはハッと気がつきました。あたりは薄暗く、床はじめじめとして異様な臭いも漂っています。
「小僧、気がついたか」
　すぐ近くに１人のやせ細った男がいました。
「おじさんは誰？」
　びっくりして尋ねました。
「ブルーノだ」
「ブルーノ…？」
「そうだ。ブルーノだ」
　そのおじさんは後ろ手に縛られています。よく見ると、そこは狭い部屋でした。高いところに鉄格子のはめられた小さな窓が１つあるだけです。そこからわずかな光がさし込んでいます。
「僕はどうしてここへ？」
「それはこっちが聞きたいよ。いきなり、わしの前に現れおって…でも、さびしかったから、わしは嬉しいよ。お前の名は？」
「サクです。そうだ。僕はＵＦＯに飛ばされて別世界に入ったのか…ここはどこ？」
「サンタンジェロ城の地下牢だ。イタリアのローマだよ」
「今は何年なの？」
「カレンダーも時計もないからよくわからん。たぶん

1600年ころかな？」

◆　連日の拷問

　サクくんはおじさんの痛々しい体を見て聞きました。
「どうしたの？　何があったの？」
「今日の拷問が終わったところだ」
　どうやら腕がぶらぶらしているようです。
「骨折しているんじゃないの？」
「いや、この痛み具合は単なる脱臼だろう」
　サクくんは心配しています。
「おじさんはいつからここにいるの？」
「もう、7〜8年も経つかなあ…昔のことだから忘れた。
イタタタ…。毎日の拷問はしんどい…」
「おじさんは何か悪いことをしたの？　だから、罰を受け
ているの？」
「俺は哲学者だ。自分の信じている考え方をみんなにわか
りやすく講義をして、本に書いただけだ」
「それでつかまったの？　そして、拷問を受けているの？
それって、おかしいよ！」
　サクくんはいつの間にかヒデ先生の影響を大きく受け、
良識的な発言をするようになりました。

第6幕　ブルーノとの対話　211

◆ 冷えた地下牢

「ああ、この世の中はおかしいことだらけだ。みんな、狂っている。そして、この俺も…どうやら頭に血が上ってガンガンする。特に今日は一日中、逆さまに吊されていたからな」

　見ると、かたわらにはパンと水だけの粗末な食事が置いてあります。お腹がすいているのでしょう、ブルーノは痛みをこらえて、食事に近寄って行こうとしています。

　サクくんは入れ物を持ってきてあげました。ブルーノは泥が少し浮いている水をおいしそうに飲んでいます。サクくんはパンを差し出し、ブルーノはそれをぱくついています。サクくんは後ろに回って手錠を外そうとしますが、なかなか外れません。

「ひどい、こんなことをするなんて…」

　窓にはめ込まれた鉄格子の間から、冷たい空気が入り込んでいます。上半身裸のブルーノはがたがたと震え始めました。

　サクくんは上着を脱いでブルーノに羽織ってあげました。しばらくしたら震えが落ち着いてきたようです。

「すまない、こんなに親切にされたのは久しぶりだ」

　ブルーノの呼吸もゆっくりしてきました。

「ところで、お前の手首にはめているのは何だ？」

「腕時計だよ」

「時計なのか？」

「うん」

　そう言ってブルーノに見せました。そこにはデジタル表示された時刻が出ています。ブルーノはそれを読み取りました。

「1600年2月17日と出ているぞ。これが今日なのか？」

　サクくんはハッと気がつきました。時空を超えて移動すると、腕にはめていた時計までもがその時代の時刻表示に変わってしまうのだとわかりました。

「なるほど、今は冬か。どうりで寒いはずだ…」

◆　巻物

「ところで、お前の懐に入っているその巻物は何だ？」

　サクくんはヒデ先生の秘伝書を持っていること思い出しました。

「これは、ノワツキ学校の数学の秘伝書だよ」

「見せてみろ。どうせ、俺は長くないんだ」

　サクくんは巻物を開いて見せました。ブルーノはガワナメ語をまったく読めません。そこで、サクくんは地球語に翻訳して解説しました。すると、ブルーノの顔がさっと青ざめたかと思うと、今度は紅潮し始めました。

「誰が書いたんだ？」

「ヒデ先生だよ」

「すごい。アリストテレスが無限に対する考え方を可能無限と実無限に分けたのか…そして、君のお師匠さんが実無限の矛盾を暴いたのか…これは即座に発表すべきだ。大声で発表すべきだ！　イタタタ…」

「肋骨も折れているんじゃないの？」

「かもな、大声を出すのは控えよう…」

◆　拘禁反応

「ところで、小僧。お前の隣にいるヤツは誰だ？」

「誰もいないよ」

「いるじゃないか。おい、そこのお前は誰だ！」

「ヒデ先生です」

「ヒデ先生？　それがお前の名前か？」

「はい、サクくんの教師です」

　独り言を言っているブルーノに、サクくんは驚きました。どうやら、心が壊れ始めているようです。自由をきびしく制限された状況のもとでは、精神に異常が起こることがあります。これを拘禁反応と呼んでいます。どうやらブルーノには、すでに幻視や幻聴が始まっているようです。しかし、それで悩まされているようでもなさそうです。

「おじさん、それは幻覚だよ」

「幻覚などではない。実際に、お前の隣には人がいる」
　サクくんは幻覚であることを納得させようとしますが、ブルーノは頑としてそれを認めません。
「お前はアザラシみたいな顔をしているな。名を名のれ！」
「だから、言ったじゃないですか。ヒデ先生です。私はあなたのファンです。握手してください」
　ブルーノは、後ろ手に手錠をかけられたまま、存在しないヒデ先生としっかり握手もしているようです。どうやら、見るもの聞くもの触るものにも幻覚が生じているようです。しかし、相変わらず、彼の知能は高度に保たれたままです。

◆　幻覚

「まさか…信じられない。これほどはっきり見えるのに、お前は存在していないのか？」
「そうです。私はあなたにとっては幻覚です。私はこの場にはいません」
「しかし、俺と会話をしているではないか！」
「あなたは幻覚と話をしているのです」
「信じられない。こんなに明白な現実なのに、これが事実ではないとは…」
「現実と事実は異なります」

幻覚は、それを体験している人にとってはまさにまぎれもない現実ですが、幻覚が見えない人にとっては、見えないことが現実です。

　このように、現実は１人１人違っています。一方、事実は万人に共通している客観的なことがらです。それが、「客観的な事実」と「主観的な現実」の違いです。私たちにとってより現実味を帯びているのは、１人１人異なっている現実のほうです。

　だから、私たちは現実を事実と信じ込んでしまうことが多いものです。私たちは事実の中で生きていますが、意識的には現実の中で生活しています。

「ところで、サクくん。君も幻覚か？」

「違うよ。僕は本当におじさんの隣にいるよ」

　サクくんはヒゲほうほうのおじさんの顔を優しくなでました。ブルーノはサクくんとヒデ先生に囲まれて、冷たい牢獄の中で暖かい気持ちになりました。

◆　アラキ青年

　そのとき、扉の外から何やら小声が聞こえます。

「ブルーノ先生、アラキです」

「ああ、また来たか。待ち遠しかったよ」

「日本からのお土産です」
　扉の下から温かいおそばとおにぎりの差し入れがありました。
「いつも、すまない」
「こちらこそ。また天文学を教えていただきたいのですが、これもどうぞ」
　それはストローがコップに差してあるサイダーでした。
「これは珍しいものをありがとう。まあ、ゆっくりしていてくれ。俺にとっては、あまり時間はないがな。今日はお客さんもきているんだ」
「え？」
「サクくんという少年と幻のヒデ先生だ。ガワナメ星からやってきたそうだ。俺の予想通り、他の星にも生命体はいたのだ」
「それは、素晴らしいことです。ぜひ、私も異星人に会いたいです」
「いくら君でもこの中には入れんだろう。扉越しに話をしなさい」
「はい。こんにちは。あなたは異星人ですか？」
「はい、ガワナメ星人のサクです」
「よろしく」

◆ 獄中講義

「ところで、先生。もう一度お聞きしたいのですが、先生は宇宙をどうお考えでしょうか？」

「無限に広いよ。宇宙に中心はない。地球は自転しており、太陽の周りを公転している。地上で成り立つ運動の法則は、宇宙でも成り立つはずだ。また、太陽のような恒星は宇宙にいっぱい散らばっている。恒星の周囲をいくつかの惑星が回っている構造は太陽系だけではない。また、地球以外の惑星にもわれわれのような生命体がいるとにらんでいたが、まさか、俺の目の前に現れるとは驚きだ」

「先生の説が正しかったことが証明されたのですね？」

「そうだ。異星人はいたのだ。サクくんをおおやけの場に連れて行けば、俺は無罪放免だ」

「良かったですね。ようやく、この地下牢から出られますね」

「やっと春が来そうだ」

「僕もおじさんのためなら、どこにでも出て行くよ」

「頼もしい限りだ。ところで、しばらくぶりに人と話をしたから、のどが渇いた。そのサイダーをくれんかな」

　サクくんは、ブルーノの口元にコップを差し出しました。ブルーノはストローでおいしそうに飲んでいます。そのとき、サクくんとブルーノは一緒にストローをじっと見ています。そして、目と目を合わせました。

218

「ストローが曲がっている！」
「なんと、曲がっていないストローが曲がっている！」

　水の入ったコップにストローを差し込むと、まっすぐなストローは水面を境として折れ曲がって見えます。

　　事象：ストローは真っ直ぐである。
　　現象：ストローは折れ曲がっている。

　事象と現象の違いは「実際のあるべき姿（ストローは折れ曲がっていない）」と「観察された姿（ストローは折れ曲がっている）」の違いです。
　2人は幻のヒデ先生のほうを見ました。そして、ヒデ先生は事象なのか？　それとも現象なのか？　迷いました。というのは、いつの間にかサクくんにもブルーノと同じように、ヒデ先生が見えるようになってきたからです。

◆　事象と現象

　ヒデ先生は、事象と現象について説明を始めました。アラキ青年も扉の外で聞いています。不思議なことに、いつの間にかアラキ青年にも、ヒデ先生の声がしっかりと聞こえるようになりました。

事象とは「できごとそのもの」であり、自然界の「本当の姿」です。ゆえに、それは間違いない事実であり、まぎれもない真実です。

事象＝できごとそのもの＝事実＝真実

　これに対して、現象とは「そのできごとを人間が見たり聞いたりしたこと」であり、その意味で「観察した結果」とも言えます。

現象＝できごとを見たり聞いたりしたもの＝観察結果

　この現象の世界を「現実の世界」と呼んでいます。

　自然界には事実としての事象が存在しています。それを人間が見たり聞いたりして認識できたとき、これを現象と呼びます。つまり、事象（事実）と現象（事実に関しての情報）とは本質的に異なっています。

　事実が存在することは誰も否定できませんが、問題は「現実が本当に事実であるかどうか？」です。本当のこと（事実そのもの）とそれを認識したこと（それを意識化した結果）は必ずしも同じものとは言い切れません。この２つは同じこともあれば、違うこともあるでしょう。

原始的な生命体は長い間の進化によって高度知的生命体となりました。そして、その優れた知能を用いて数学や物理学を作り出し、五感の延長線上に位置する人工的な情報収集装置を作り上げました。それがコンピューターをも組み込んだ観測装置という名の精密な電子機器です。

　私たち高度知的生命体は、事象を五感のみではなく、巨大な観測装置をも介して、さらなる詳細な認識ができるようになりました。ここで、現象の概念が拡大します。

　現象とは、五感のみではなく観測装置なども用いて得ることができた「事象を認識した結果」である。

「へえ、事象と現象は違うのか…でも、私たちは現象しか手に入れられませんよね？」

　アラキ青年も驚きながら、聞き返しています。

「そうです。そのため、事象の代わりに現象を扱わざるを得ません。だからこそ、あまりにも現象にとらわれると事象の存在を忘れてしまいます。私たちは、現象の裏に潜んでいる事象を総合的な目で推測する必要があります」

　ブルーノも納得しています。

「現象を信じすぎるのも良くないんだ。現実はあくまでも事実の影絵みたいなものなんだ」

　みんなは、古代ギリシャの哲学者であるプラトンの洞窟

第6幕　ブルーノとの対話　221

の比喩を思い出しています。

◆　花の広場

「あ、何か足音がします。先生、やばいのでこれで失礼します」
「ああ、見つからんように城を出るんだぞ」
「はい」
　アラキ青年は、足音を忍ばせて素早く立ち去って行きました。その後、しばらくしてからドアを強くたたく音がしました。
「ブルーノ！　外へ出ろ！　処刑の時間だ！」
「とうとう、来たか…」
　重い扉が開かれました。
「おい、お前は誰だ？　どうして、子どもが一緒にいるのだ？」
　ブルーノは懇願しました。
「その子には何もしないでくれ！」
「おじさんはどこに連れていかれるの？」
「カンポ・デ・フィオーリ広場だろう。花の広場だ」
「花の広場って？」
「火あぶりの刑が行なわれるところだ」
「えー」

222

「もう、30人以上が火あぶりにされている。今度は俺の番だ」
「おじさんを連れて行かないでー！」
「小僧を離せ！」
「おじさん、死なないでー！」
　サクくんは大声で泣いています。
「サクくん、泣くでない。この世で一番強いのは愛だ。愛は宇宙をも包み込む。俺は真理を愛している。母が子のために命を惜しまないように、俺は真理のためなら喜んで死ねる。俺みたいなバカがいなければ、世の中は変わらない。俺は悲しくはない」
「でも、僕は悲しいよ…」
「そうだな。悲しませて悪かった。俺には何もできないが、無事に故郷の星に帰ってくれ」
「ブルーノおじさ～ん！」
　ブルーノは引きずり出されて行きます。サクくんはブルーノにすがりつき、あらん限りの声で叫びました。
「ブルーノおじさんの言っていることは本当だよ。僕は宇宙人なんだ。僕はガワナメ星からやって来たんだよ！　おじさんは正しいんだ！」
「うるさいやつだ。その小僧を引き離し、オリにでも入れておけ」

第6幕　ブルーノとの対話　223

第7幕

ヒデ先生の公開裁判

◆ 連行

　囚人護送船の中で、ヒデ先生は訳も分からず質問をしています。
「君たちは、私をどうするつもりだ？」
　ジツムゲンレッドはビクッとしています。
「私を殺すのか？」
「殺したりはしない。エサにするだけだ」
「エサ？」
「しまった。これ以上は言わないぞ」
「いったい何を企んでいる？」
「質問は受けつけません」
「私をどこに連れて行くつもりだ」
「裁判所に決まっているだろう」
「私がいったい何を悪いことしたのだ？」
「そんなこと言っていると、反省心なしとしてさらに罪が重くなるぞ」
　その後からパパラッチ船がたくさん追っかけて行きました。ヒデ先生の写真を撮ってマスコミに売り込むためです。それだけではありません。ヒデ先生の裁判を一目見ようと、たくさんの裁判好きのマニアたちが小型船で追いかけてきます。
「おい、見てみろよ」
「どうやら、ヤママツ星らしいぞ」

226

「ああ、あの星か…」
　記者は後輩に指示しています。
「本社に電話しろ！　公開裁判はヤママツ星で行なわれるみたいだとな」

公開裁判のお知らせ

　ヤママツ星のコロッセウムで、ヒデ先生の公開裁判を行ないます。罪状は数学転覆罪と物理学転覆罪です。悪い証明を行なう不届きな宇宙人を、みんなで裁きましょう。

宇宙裁判所

対角線論法を否定するヒデ先生
（パパラッチ撮影）

◆ 公開裁判のお知らせ

いつのまにか、変なビラが宇宙空間に大量にばらまかれ
ていました。そのタイミングと言い、以前より周到に準備
されていたようです。そのビラは、ガワナメ星にもたくさ
ん落ちてきました。

「あらまあ。ヒデ先生が裁判にかけられるらしいわ」

「でも、間違った顔写真が貼ってあるぞ。宇宙裁判所の人
って、ガワナメ星人をよく知らないんじゃないのか？」

「地球人はその昔、火星人をタコのような動物と考えてい
たらしいわ。だから、きっとガワナメ星人をアザラシと考
えているのかも…」

「オホホホ」

子どもたちは、落ちてくるビラを空中でキャッチして喜
んでいます。そして、その後は紙飛行機を作って、みんな
で飛ばし合って遊んでいます。

◆ ヤママツ星

やがて囚人護送船は目的地であるヤママツ星に到着しま
した。そこに現れたのは巨大なコロッセウムです。

「ヒデ先生、幸運を祈る！」

ジツムゲンジャーはヒデ先生を裁判所の係官に引き渡し

て、さっさと帰って行きました。
「さあ、宇宙裁判所の中へどうぞ」
「裁判所？　ここは円形競技場ではないのですか？」
「立派な裁判所です」
「いいや、ここは宇宙裁判所ではない」
「宇宙裁判所の支部です！」
　そこには、古ぼけた看板にヘナヘナ文字で宇宙裁判所の支部と手書きされていました。中に入ると、数万の群集が総立ちになっています。
「吊るせ！　吊るせ！　吊るせ！」
　吊るせコールが鳴り止みません。
「ここはいったい何なんだ？」
「だから、裁判所だと言っているではあ〜りませんか」
　ヒデ先生はどうも納得いきません。でも、そんなことはお構いなしに、事態はどんどん進んでいきます。

◆　コロッセウム

　ヒデ先生はコロッセウムの中央に連れて行かれました。
「ここで、お前の裁判を執り行なう」
　ヒデ先生の前には一段高い台があり、真ん中にいばって座っている人が裁判長のようです。
「このコロッセウムでは全員が裁判官だ。しかも中立を考

えて、利害関係のない第3者が君を裁く。だから、公正な裁判が期待できる」

「私が何か悪いことしたというのですか？」

「それがいけないのだ。自分のしたことの自覚がまるでない。名前と住所を言いなさい」

「名前はヒデ先生。住所はガワナメ星です」

「では、今日はお前に恐怖を味わってもらう」

「そんな…」

「うるさい。宇宙の神の前で、真実を述べることを誓うか？」

「誓います」

「ところで、この裁判所では真実を明らかにすることは目的としていない」

「え？　では、なんのために裁判を行なうのですか？」

「社会の安定だ」

「社会？」

「そうだ。人々の生活を守るためには、まずは、安定した社会を実現しなければならない」

「それで？」

「物わかりが悪いなあ。社会を不安に陥れるような人物を、社会から隔離して牢屋にぶち込むのだ」

「私がどんな社会不安を招いたというのですか？」

「つくづく、自覚のないやっちゃなあ。パラダイムの転換は数学や物理学の崩壊を招き、人々を地獄のどん底に陥れ

る。つまり、許されない行為なのだ。この宇宙裁判所は、
パラダイムの転換を企てるやつを野放しにしないために存
在している！」
「え～」
「いちいち驚くな！」

◆　開廷

「それでは開廷する。まずは被告人を前へ」
　ヒデ被告は係官に促されて、被告席に立たされました。
「では、検察官は被告の罪状を読み上げてください」
　名指しされたブラウアー検察官は、いつもけんか腰です。
「ふん」
「ヒデ被告の罪状は？」
「決まっているだろう。数学転覆罪と物理学転覆罪だ。被
告は、公理的集合論と非ユークリッド幾何学を否定してい
る。これは、数学転覆罪にあたる。また、相対性理論とビ
ッグバン理論も否定している。これは物理学転覆罪だ」
「ヒデ被告は、それを認めるのですか？」
「はい…」
「ちょっと待ってください」
　クロネッカー弁護士が間に入りました。そして、ヒデ被
告とこそこそ話し込んでいます。

「ヒデ被告、絶対に罪を認めてはいけません。有罪になってしまいます」

「でも、私は数学と物理学を根本から立て直したいのです」

「いいですか。その気持ちはわかりますが、その延長線上には、国家に対しての転覆罪につながる可能性があります。重罪ですよ」

「じゃあ、このままでいいのですか？　数学も物理学も間違ったままでいいのですか？」

「だから、うまくやればそれらを正して、しかも無罪に持ち込めます。私に任せなさい」

　ヒデ被告はこの弁護士に任せるしかありませんでした。クロネッカー弁護士は、身長１５０センチそこそこの小柄な男ですが、頭脳は明晰であり、弁護にかけては超一流です。しかし、その評判は決して良いものではありません。真偽のほどはわかりませんが、彼は性格的に意地悪であるという噂が絶えません。

　ブラウアー検察官は挑発します。

「お前か、器が小さくて悪名の高い弁護士は…」

　クロネッカー弁護士も負けてはいません。

「お前こそ、ひねくれ者の検察官として有名だぞ」

　お互いに一癖も二癖もある個性的な人物のようです。

「いいぞ、いいぞ！」

　傍聴席では、みんなで検察官と弁護士をはやし立ててい

ます。裁判長もニヤニヤしています。どうやら、これは裁判というよりもみんなを楽しませるショーのようです。

◆　ブラウアー検察官

　ブラウアー検察官はヒデ被告を挑発します。
「フン！　お前が、数学の公開試合に敗れたぶざまな負け犬か」
　宇宙テレビで見ていたブラウアー検察官は、この裁判をとても楽しみにしていました。どうやら、ヒデ先生と数学の公開試合の続きをやりたかったようです。
「俺が見ていた限りは、お前は公開試合ではホワイトに勝っていた。それをホワイトは卑怯な手を使ってお前をはめたのだ」
　ヒデ先生は自分を理解してくれている検察官に親しみを覚えました。でも、それは楽観的な考え方でした。彼の攻撃性は並外れていたのです。
「しかし、俺はホワイトみたいに論理上のヘマはやらんぞ。正統な実無限を否定する行為は、まぎれもない犯罪である。ヒデ先生は、宇宙における危険分子である」
　ブラウアー検察官は実無限を肯定しています。しかし、集合論は否定しています。ヒデ先生は恐る恐る弁明を始めました。

第7幕　ヒデ先生の公開裁判　233

「定理は間違いなく真だとされています。しかし、その定理を生み出す公理には、間違いなく真であるという証明がありません」

「それは、定理は信用できるが、公理は信用できないということか？」

「証明された定理は間違いなく正しいが、定理の根拠となる公理には間違いなく正しいという証明がない。そう考えるのが普通でしょう。しかし、証明されない公理から証明された定理は、結局は広い目で見ると証明されていないことになります」

「ということは、数学は思った以上にあいまいな学問なんだ」

「だからこそ、良識を大切にしたいのです」

　ブラウアー検察官もヒデ先生の主張に少し、同意しました。しかしすぐに反論します。

「良識ではなく、直観だ！　数学を支えているのは直観だ」

「あなたの言う直観は、一部の数学者の持っている特殊な能力です。私が言っているのは、万人の持っている普遍的な良識です」

「真実を見抜く高度な数学的直観は、数学の専門家しか持っていない！」

　ブラウアー検察官は、裁判中でも常に数学者の直観について話をしました。みんなは裁判から話がずれてしまうのではないかと心配していますが、そんなことはお構いなし

です。仕方なく、裁判長は聞きました。

「どういうことですか？」

　待ってましたとばかりに、ブラウアー検察官は雄弁にしゃべり始めます。ブラウアー検察官は、学生のころは引きこもりでした。その反動のせいか、その後は話し相手がないと不安になるほどの病的なおしゃべりになっていました。

「直観は直観だ！　反論するな！」

「過激な発言は控えてください」

「戦闘的な性格は、持って生まれた性分だ！」

　ヒデ被告はこの検察官に恐怖を感じました。しかし、ヒデ先生も頑固であり、両者ともに譲りません。裁判長は口をはさみました。

「次第に哲学になってきましたね。でも、ここは哲学論争の場ではありません。ヒデ被告を有罪に持ち込む場です。それを忘れないように」

　それを聞いたヒデ先生は自分の耳を疑いました。

◆　排中律

　ブラウアー検察官は言いました。

「ヒデ先生は排中律を信じている。しかし、排中律は必ずしも成り立つわけではない。だから、数学から排中律を取

り除くべきである。その際、一緒にヒデ被告も取り除くべきである。なぜならば、ヒデ被告は排中律を認める不届き者だからだ」

　ヒデ被告は応戦します。

「いかなる命題でも排中律は成り立ちます。排中律があるから否定命題が作られます。否定命題が作られるから背理法が有効になります。排中律を認めなければ背理法が使えません」

「背理法など使わんでもいい！」

　ブラウアー検察官はまだけんか腰です。裁判長は検察官に聞きました。

「排中律とは何ですか？」

「よくぞ、聞いてくれました。さすがに裁判長、目のつけ所が良いですね。むか〜しむかしのそのまたむかし、命題の真理値すなわち真偽は、名前の通りに真と偽の２つだけだと考えられていた」

　ヒデ被告は途中で割って入りました。

「定義上は、明らかにそうなっています。命題は真か偽のどちらかです。この真と偽の間には中間の真理値は存在しない、そこから中間の真理値を排するという意味で排中律という考え方ができました」

「ホホ〜。わかりやすい説明ですね」

　ブラウアー検察官は叫びました。

「裁判長、今の話は聞かなかったことにしてください。な

ぜならば、命題は白か黒かのどちらかであるというアホみたいな発想だからだ。灰色の真理値を否定するなんて…ヒデ被告、お前も排中律みたいなアホだ！」

「静粛に」

「わかりました。この世の中は複雑にできている。命題に関するこんなアホで単純な考え方を持っている限り、現代の複雑な数学には対応できない」

ヒデ被告は強く反論します。

「真と偽以外の真理値をとる命題など存在しません。だから、排中律は命題における永遠の真理です！」

「何を寝ぼけたことを言っているのかな？　今の世の中は数学がどんどん進歩して、真と偽以外の真理値などいくらでも作れるんだ。こんなことも知らんとは情けない。とても数学教授とは思えん」

「失礼な」

「失礼なのはお前だ。お前は大昔の数学を信奉する古代人か？　もっと、現代数学を勉強しろ！」

◆　ブラウアー問題

裁判長はブラウアー検察官に聞きました。

「あなたは排中律を認めないのですね？　どうしてですか？」

「よろしいでしょう。それを理解してもらうために、排中律の成り立たない具体的な命題を１つ示すことにします。まずは、円周率πを無限小数で表わしてみる」

$$\pi = 3.141592\cdots$$

「このとき、πの小数点以下の整数配列に注目してください」

みんなは目を凝らして見ています。しかし、途中から必ず点点点になっているので、みんなの目も点になり、いつまでたっても全体が見渡せません。

「では、この中に０が連続して10^{10}個並んでいるところが存在するのか？」

「10の10乗個かあ。多いなあ」

「ただの10個じゃないよ。10000000000個だよなあ〜」

10^{10}個（100億個）というのは途方もない数です。みんなは真剣に考えています。裁判長も真剣に考えています。

「無限小数を完璧な数として認めるならば、小数点以下の整数配列はすべて分かっているはずだ。よって、これを命題として扱わなければならず、真か偽のどちらかになるはずだ」

πを無限小数で表示したとき、小数点以下の整数配列の中に０が10^{10}個連続して続くところが存在する。

238

「1つ1つの桁を順に確認して行って、見つかれば真の命題だ。しかし、本当に存在しない場合は、この地道な方法では証明できない。つまり、これは真か偽かを決められない命題だ。要するに、排中律の成り立たない命題だ！」

「そんな理由で排中律を認めないのですか？」

「そうだ、これで十分だ。文句あるか！　この命題は、『排中律が使えない命題』である。これより、数学においては必ずしも排中律が成り立つとは限らない」

　ヒデ被告は恐る恐る聞きました。

「じゃあ、どうしたらいいのですか？」

「有限での排中律は認めよう。しかし、無限ではいつでも排中律が成り立つとは限らない。よって、無限に関する場合、数学から排中律を取り除く！」

「そしたら、背理法が使えなくなる…」

「背理法が何だ！」

　ブラウアー検察官は再び叫びました。ヒデ被告は恐怖のあまり萎縮しています。そして、恐る恐る、小さな声で言いました。

「無限小数に関しての排中律を否定するのではなく、無限小数そのものを否定したらいいじゃないか…」

　ブラウアー検察官は、びっくりすると同時に呆れた顔をして言いました。

「ヒデ被告はアホか！　排中律を否定してもいいが、無限

小数は否定してはならん！」

　クロネッカー弁護士は助け舟を出します。

「被告の言っていることは真実だ。無限小数は否定される
べきだ。裁判長、そうでしょう？」

　裁判長はそっぽを向いています。

◆　ヒデ被告の弁明

　クロネッカー弁護士の助け舟では不十分と感じたヒデ被
告は、自分で弁明をし始めます。

「これは排中律とは無関係です」

「どういうことですか？」

「これは実無限から出てくる問題です。可能無限の立場で
は、判明している桁数の範囲内では命題ですが、それ以降
に関しては命題ではありません。可能無限を用いた次のよ
うな命題を考えてみてください」

　π を小数第m位までの小数で表示したとき、小数第１位
から小数第m位までの中に０が連続して n 個現れる箇所が
存在する。

「この命題をＰ（m, n）と記号化します」

P（m，n）：πを小数第m位までの有限小数で表わした
とき、その中に0が連続してn個現れる箇所が存在する。

「このとき注意してもらいたいことがあります」
「何だ？」
「『πを有限小数で近似したとき』であって、『πを無限小
数で表示したとき』ではありません」
「どう違うのか？」
「有限と無限です。数学で深刻な問題が発生したら、基本
的な単語の意味やその単語を含む文法までさかのぼって検
討すべきです」
　ブラウアー検察官は不機嫌になりました。
「はい、はい。わかりました。被告は言葉に対して本当に
しつこい性格だなあ」
「数学による記号では、無限の現在形（無限に○○しつつ
ある）と無限の完了形（無限に○○し終わった）の違いを
表記できません。これは数学記号の重大なる欠陥です」
「お前こそ、宇宙における最大の欠陥品だ！」
　検察官がこんなことを裁判で言っていいのでしょうか？
被告人であるヒデ先生は一生懸命です。
「話を聞いてください。πは小数では完全に表示できませ
ん。なぜならば、無限小数は永遠に完成しないからです」
　クロネッカー弁護士も擁護します。
「そうだ。無限小数なるものは永遠に完成しない。つまり、

無限小数など存在しないのだ」

　この言葉を聞いて、ヒデ被告は少し元気になりました。
「バカな。何度も言うが、排中律を否定してもいいが、無限小数まで否定してはならん」

　ブラウアー検察官は排中律を否定していますが、無限小数を否定していません。逆に、ヒデ被告は無限小数を否定していますが、排中律を正しいと認めています。そんなヒデ被告をブラウアー検察官はバカ被告と呼んで、さらにしつこく攻撃します。

◆　無限小数の否定

「バカ被告のために少し、解説をしよう。π の小数点以下の整数配列の中に、0 が 10^{10} 個連続して現れる箇所が存在することを知るためには、その箇所が現れるまで計算し続ける必要がある。それに対して、そのような箇所が存在しないと言いたいならば、どうしたら良いと思うか？」

　観衆の1人が聞きました。
「どうしたらいいんだ？」
「そうだな」

　もったいぶってブラウアー検察官は答えます。
「いったん、π の小数展開をすべて終わらせておいて、次にそのような箇所が存在すると仮定して矛盾を導き出す背

理法が良い」

「なるほど。そのときに、もし矛盾が証明されたら？」

「存在しないと言える」

　ヒデ被告は猛烈に反対します。

「それは違います！　そもそも、検察官は先ほどの、無限に関する背理法は認めないと言いました。それなのに、無限に関する背理法を展開しています。おまけに、対角線論法とまったく同じ過ちを犯してしまいます」

「どういうことだ？」

「『πという無限小数の整数配列の中に、0が10^{10}個連続して続くところが存在する』と仮定する前に『無限の整数配列がすべて判明した＝πに等しい無限小数が完成した＝無限が終わった』と仮定しています。でも、それで矛盾が出てきても『0が10^{10}個連続して続く箇所が存在しない』という結論は下せません」

「どうしてか？」

「それは『無限が終わった』という仮定と『無限小数の配列の中に0が10^{10}個連続して現れるところが存在する』という2つの仮定から矛盾が証明されたからです。この場合、どちらの仮定を否定するのか決定しません」

　クロネッカー弁護士は勝ち誇ったように言いました。

「そうだ。もともとπなど存在しないのだ」

　ヒデ被告は不安になってきました。こんな人に弁護ができるのだろうかと。

第7幕　ヒデ先生の公開裁判　243

「πは存在します。弁護士ならば、しっかり私の弁護をしてください」

「そうか、では言い直そう」

　そして、彼は次のような本質をズバリついた発言をして、みんなを驚かせました。

「実数としてのπは存在する。しかし、それを小数で表示しようとしても無駄だ。小数点以下の整数が完璧に展開し尽くされた無限小数としてのπは存在しない。すなわち、これだ！」

　実数としてのπは存在するが、無限小数としてのπは存在しない。

　みんなはこの大胆な発想に驚きました。クロネッカー弁護士は、どうだと言わんばかりのどや顔をしています。

◆　無限小数

　ブラウアー検察官は強く反論します。

「現代数学に実無限はなくてはならない存在だ。実無限が存在しないと無限小数が作られない。無限小数とは実数のことだから、実無限を否定すると実数までもが否定されてしまう。つまり、実無限を否定すると円周率πも存在しな

くなる」

　ヒデ先生は、後ろからクロネッカー弁護士に助け舟を出します。

「そうとは限りません。実数と無限小数はまったく違います。円周率はπとして実数表示ができます。では、πは無限小数で書き表すことができるでしょうか？」

「できる。次のようにな」

$$\pi = 3.141592\cdots$$

「そう書かれる人が多いですね。しかし、この最後に書かれた記号である『…』を『永遠に続くもの、決して終わることがないもの』と考える可能無限が正しいです。つまり、右辺の記号は完成しません」

「どういうことだ？」

「『…』という記号を使って、無限小数を書き終わった気分になっているだけです。本当は、この記号は未完成です」

　ブラウアー検察官は考え直しています。

「1.000は、小数としてはすでに完璧に表記されています。つまり、完成しています。しかし、0.999…は小数点以下のどこまで表記されているのか不明であり、9が1つ増えるごとに値は変化するので、結局は値を持っているかどうかも不明です」

「しかし、対角線論法では『実数はすべて無限小数で表す

ことができる』と仮定しているが…」
「そうです。対角線論法から出てくる矛盾は、無限小数そのものを否定しているとも考えられます」

　私たちは、学校で「実数は無限小数である」という教育も受けてきました。実は、実数は有限小数と無限小数にきちんと分けることができません。1という自然数は、有限小数でしょうか？　それとも、無限小数でしょうか？　1をどちらか一方に分類することはできません。
　1を1.000と書くと有限小数となりますが、0.999…と書くと無限小数になります。有限と無限はお互いに排他的ですが、有限小数と無限小数は排他的ではありません。「実数rは有限小数であるから無限小数ではない」という論理が成り立たないのです。

「いや、有限小数と無限小数はダブっていても良い。1は有限小数であって無限小数でもある」
「では、有限集合と無限集合もダブっていても良いのでしょうか？」
「いやそれは困る…」
「どうして、困るのでしょうか？　どうして、無限小数と無限集合の扱いは異なるのでしょうか？」

　有限小数と無限小数のダブリは認めるが、有限集合と無

246

限集合のダブリは認めない。

「これは無限に関するダブルスタンダードそのものです」
　これを聞いたブラウアー検察官は歯ぎしりをしています。

◆　ウィトゲンシュタイン

　悔しくなったブラウアー検察官は、ある大物の哲学者を証人として呼びました。ヒデ被告を有罪に持ち込む隠し玉としての証人でしょうか？　ぼさぼさの髪をしています。
「名前は？」
「ウィトゲンシュタイン」
「職業は？」
「20世紀最高の天才哲学者だ」
　いやに自信たっぷりです。しかし、証言台に立ったウィトゲンシュタインはいきなり叫んでいます。
「カントールの無限集合論は笑止千万である！」
　みんなは呆気にとられています。
「カントールの無限集合論はナンセンスである！」
　まだ、何も尋問していないのに、裁判所全体が騒然としました。
「カントールの無限集合論は狂っている！」
　この光景を見ていた聴衆は、みんな笑い出しました。そ

第7幕　ヒデ先生の公開裁判　247

して、裁判長はさっそく退廷を命じました。ブラウアー検察官にとっては、これは大きな痛手です。明らかに証人の選定ミスでした。一方、この証言を聞いていたクロネッカー弁護士はほくそ笑んでいます。

「自滅だな。確かに証人の言うとおりだ。無限集合論は数学ではなく神秘主義だ。そして、多くの若者たちをたぶらかしている諸悪の根源だ」

クロネッカー弁護士の言い方は噂通りに手厳しいです。証人の思わぬ行動に、ブラウアー検察官は怒り心頭です。

「話が違う…」

◆ 求刑

裁判は長時間に及んでいます。そして、内容が内容だけに、そろそろみんなも飽きてきたようです。大きなあくびをしている女性、背伸びをしている少年、首を回した後に肩を叩いている中年宇宙人、眠っている老人もいます。そろそろ、判決を言い渡すときです。ブラウアー検察官は、最後の尋問をします。

「数学も物理学も間違っているのか？」

ヒデ被告も疲れがたまってきて、次第に意識がもうろうとする中で答えました。

「そうだ、数学も物理学も間違いだらけだ」

どうやら誘導尋問に引っかかったようです。

「裁判長！　今の言葉を聞きましたか？　被告は数学のみならず、物理学までも侮辱しました」

　裁判長は大きくうなずきました。

「確かに聞いた」

「ここで、被告の罪状を増やします。数学侮辱罪に物理学侮辱罪を追加して被告に死刑を求刑します」

　あたりがざわざわし始めました。

「そんな罪状あったっけ？」

「検察官は法律のプロだから、きっとあるのだろう」

「俺たちが知らなかっただけか。それにしても求刑が死刑とは…数学の証明をしただけ殺されるとは前代未聞だ」

「いや、確か似たような事件が前にもあったような気がする…そうだ！　あの事件だ！」

「ああ、あれか。俺も今思い出した。ヒッパソス事件だ。$\sqrt{2}$が有理数ではないことを証明したために殺されたのだろう。だいぶ前の宇宙新聞に載って話題になったやつだな」

「ああ、犯人はまだつかまっていない。時空を超えて逃げて行ったという噂が絶えなかったな」

「あれからもう2000年もたったのかあ。月日のたつのは早いものだ」

「結局、ヒデ被告の罪状はどうなった？」

「数学転覆罪と物理学転覆罪と数学侮辱罪と物理学侮辱罪だ。4つもある。これだけ罪状が増えれば、死刑を求刑さ

第7幕　ヒデ先生の公開裁判　249

れてもしかたがないな。自業自得だ」

「俺なんか、数学や物理学をおかしいと思っても絶対に口に出して言ったりはしない」

「それが一番賢い。へたに数学や物理学の間違いに触れると、人からバカにされて、最後はあいつみたいになるのが落ちだからな」

　でもブラウアー検察官は楽観していました。まさか死刑を求刑しても、死刑の判決までは出ないであろうと思っていたのです。せいぜい、ガリレオみたいに死ぬまで閉じ込められるだけで済むだろうと…。クロネッカー弁護士も同じ予想でした。しかし、ものごとに誤算はつきものです。

◆　誓約書

　裁判長は求刑を聞いて、しばらく考えていました。そして、彼もまた無罪にする最後のチャンスを被告に与えようとしています。根はきっと優しい宇宙人なのでしょう。1枚の誓約書をさらさらと書いて、ヒデ被告にも見えるように高く上げて言いました。

「あなたが次のことを言うのを固く禁じる」

　1．実無限は、実は無限ではない。

2．無限集合は、集合ではない。

3．無限小数は、実数ではない。

4．対角線論法は、背理法ではない。

「このような考え方は間違っており、われわれの教えにも反している。よって、ヒデ被告の著書『カントールの対角線論法と』と『カントールの区間縮小法』を発行禁止にする。また、今執筆中の『カントールの連続体仮説』も出版してはならない」

「それでは、今まで私が長年にわたって行なってきた研究成果が台無しになります」

「それが目的だから、それでいいの」

「ちょっと待ってください」

「まだ、何か言うことがあるんですか？」

「いくらなんでも…ひどすぎます」

「この誓約書にサインすれば、あなたは無罪放免です。民衆の怒りもおさまります」

「あなたがたの怒りではないのですか？」

「え、何ですか？　聞こえません」

「いいえ、何でもありません」

「では、これにサインをどうぞ」

　ヒデ被告はためらっています。

「サインしないと、今までのような生活の保証はできません。ガリレオをご存じですか？　死ぬまで自由を奪われた

のですよ。彼を参考にしてください」

　ヒデ被告はまだサインを拒んでいます。

「サインしないと大変な目にあいますよ。ブルーノを思い出してください。７年間も牢屋に入れられて、毎日のように拷問されたあげくに、最後には火あぶりにされたのですよ」

　裁判長の言葉は威圧的です。やがて、係官からヒデ被告にペンが渡されました。しかし、なかなかサインしようとしません。裁判長も次第にイライラしてきました。

「さあ、どうしました？」

「今ここでサインをしたら、真理の探究が途絶えてしまう。しかし、サインしないと死刑になるかも…」

　ヒデ被告の手は震えています。

「さあ、ヒデ被告、どうなされますか？」

「しかし、死んでしまっては真理の探究どころではない」

　ヒデ被告は、震える手で恐る恐る誓約書にサインをしました。裁判長は指をパチンと鳴らして、係官に回収するように命じました。

「あなたは賢明な選択をされました」

　誓約書が回収されたとき、ヒデ被告は叫びました。

「違う！　対角線論法は背理法ではない！」

　みんなはビックリしました。

「対角線論法は背理法ではない‼」

　再び叫ぶと、ヒデ被告は係官から誓約書を無理やり奪い

252

取り、それをビリビリに破きました。みんなは唖然として
います。

「対角線論法は背理法ではない!!!」

　ヒデ被告は狂ったように叫んでいます。そのとき、裁判
長の怒りはとうとう頂点に達しました。

「死刑だ！　この男は死刑だ！　火あぶりだ！　すぐに処
刑せよ！」

◆　閉廷

　裁判長は、法廷全体に響くほどの勢いで、激しく小槌を
打ち鳴らしました。

「これにて、閉廷！」

　とうとう、裁判長の鉄槌が下されました。そのとたん、
コロッセウムは一瞬にして死刑執行所に変わりました。ブ
ラウアー検察官もクロネッカー弁護士もびっくりしていま
す。でも、こうなってはどうしようもありません。

　いつの間にかコロッセウムの中央にさまざまな宇宙人た
ちが集まり、手際よく十字架を組んで、その下に大量の本
を積み上げています。火をつける準備があっという間に整
いました。ヒデ先生はさるぐつわをはめられています。

「悪いな。お前のことだから、火あぶりの最中に数学の新

第7幕　ヒデ先生の公開裁判　253

しい証明を思いついて、きっと民衆に公表するだろう。それを防ぐためなんだ」

　従来の数学を否定し、多くの人々を不安に陥れた重罪人としてのヒデ被告は、これから火あぶりの刑に処されます。民衆は拍手喝采です。

「いよ～、待ってました」

　人々から歓喜の声が上がり、笑い声が絶えません。

「こうでなくちゃあ」

　あちこちで売り子たちがビールやポテトチップを売り始めました。みんなはこぞって買っています。まるで、お祭り騒ぎです。

　公開処刑は民衆のストレス発散に役立つと同時に、数学や物理学のパラダイムが壊れるのを未然に防ぐ見せしめの意味があります。

◆　オフレコ

　お祭り気分満開の中で、ブラウアー検察官とクロネッカー弁護士はお互いに相手の健闘をたたえ合い、固い握手を交わしました。

「ヒデ被告が有罪になってしまいましたな」

「しかたがない。やり過ぎたんだよ。彼は…」

「裁判長もなんとか無罪に持って行こうとしたが、ヒデ被

告自身がとうとう自分の考え方を改めなかったのだからな」

「まったくだ。自ら無罪になれるチャンスを放棄した。ある意味、ソクラテス気分に浸っている嫌なやつだ」

「ブルーノ気分かもな。処刑は見るのか？」

「残酷なのは嫌いだ」

「俺もだ。じゃあ、これから飲みに行こうか？」

「そうしよう」

「ガワオ星にうまい濁り酒を出してくれる店があるんだ。連れて行ってやるよ」

「それは嬉しいことだ。ぜひ、頼む」

「ああ。そこで対角線論法についてじっくり話し合おう。俺は、どうもあの証明は腑に落ちないんだ」

「そうだな、あの証明は直観的に受け入れがたい。わしも正しい背理法とは言えないような気がする」

「でも、この話題はあくまでもオフレコだからな」

「そうだな。下手すりゃ、わしらまで火あぶりだ。酒の席だけの話題としよう」

　2人は宇宙タクシーに同乗して、ガワオ星の飲み屋に着きました。そのお店に入ると、なんとエルデシュ審判が1人でコーヒーを飲んでいます。

「エルデシュ審判じゃないですか。公開試合のテレビ放映を見ましたよ。実に見事な審判でした。ところで、こんなところで何をしているのですか？」

第7幕　ヒデ先生の公開裁判　255

「今までジツムゲンホワイトと卓球をしていたんじゃよ。あいつは卓球がうまいよ」

　そこは卓球台のある飲み屋でした。

「でも、たった今、彼の携帯電話が鳴ってな。判決が出たとか言ってあわてて出て行ってしまった。また、わし1人になってしまった」

　寂しそうにしています。

「では、われわれと一緒に飲みましょう」

　エルデシュ審判の顔は嬉しさでいっぱいになりました。そして、みんなで宇宙一おいしいと言われている濁り酒を注文しました。

「ところで、エルデシュ審判」

「なんじゃね」

「あなたはカントールの対角線論法についてどう思いますか？」

「正直言って、わしにはわからん」

「やはり…」

「最近の数学は専門化し過ぎて、専門外の数学者が他の分野を理解できなくなってきている。昔のように数学の全分野を熟知した万能数学者は、もう出てこない世の中じゃ。それに…」

「それに何ですか？」

「この間、地球人の数学者と一緒に飲んだんじゃが、彼も対角線論法に納得できないと言っていたんじゃ」

「誰ですか？　それは」

「確か、トオヤマとか言っていたなあ」

　ブラウアー検察官とクロネッカー弁護士は顔を見合わせました。

「まさか、あの日本の数学者ではないだろうか？」

　誰もいないヒデ先生宅に、夕刊が配られました。その第一面には、「地球数学の完全勝利！　ガワナメ数学破れたり！　ヒデ被告に死刑判決が下る」という記事が載っています。

第8幕

火あぶりの刑

◆ 十字架

「これが十字架ですか？」

　それは、ただ丸太を２本直行させて結びつけたものでした。

「見ればわかるだろう。立派な十字架だ」

　ヒデ先生は十字架にはりつけられました。誰かがたいまつを持ってきて闇の処刑人に渡し、火がつけられました。それは、オレンジ色に輝いています。

「美しい！」

　観衆の女性たちからは悲鳴に似た歓声が上がりました。たいまつの火はメラメラと燃え上がっています。闇の処刑人の顔も赤く映り、その瞳には炎が揺れ動いています。

「ブルーノはさるぐつわをはめたままだから、悲鳴をあげることができなかった。俺様は、急にお前の悲鳴が聞きたくなったのだ。特別に許すから、絶命する前に数学の証明を民衆に発表してもいいぞ。さるぐつわを外せ！　ところで、くすぐりの刑と火あぶりの刑、どっちがいいか？」

「くすぐりの刑で…」

「じゃあ、火あぶりの刑にしよう」

　いじわるな闇の処刑人は、大量に集めてきた本をさらに十字架の下にばらまきました。その本は「カントールの対角線論法」と「カントールの区間縮小法」でした。

「それは私の書いた本だ」

「そうだ、お前が宇宙中にばらまいた悪書だ。それを1冊残らず回収してきたのだ。まったく骨の折れることをしやがって…」

　そう言って闇の処刑人はニタリと笑いました。

「お前の書いた本は、もう宇宙には1冊も残っていない。今日、お前と一緒に燃えて灰となるのだ」

「私の努力が…」

　ヒデ先生の目からは、涙が止めどもなくあふれてきました。

◆　火あぶりの刑

　闇の処刑人は感慨深く言いました。

「火あぶりの刑なんて久しぶりだな」

　多くの観衆も固唾を呑んで見ています。観衆の1人は、そばにいる幼い息子に言いました。

「話のタネになるから、お前もしっかり見ておきなさい」

　さらに母親が言いました。

「数学や物理学の成績が悪いと、あんなふうになるのよ。お前は一生懸命に勉強して、火あぶりにならないように気をつけなさい」

「うん」

　子どもはじっと目を凝らして、数学と物理学を破壊しよ

うとしている犯罪者を見つめています。
「早く火をつけろ！　そうしないと、やつは十字架に縛られたまま、また新しい証明を思いついてしまうぞ！」
「うるさい！　今は大事な話をしているのだ」
「話などどうでもよい。早く火をつけろ！」
「やかましい！　いつ火をつけるかは、この俺様が決める！」
　闇の処刑人はもっとヒデ先生をいたぶって楽しみたいようです。

◆　相対性理論は花盛り

　闇の処刑人は、ヒデ先生の足もとにあった１冊にちょこっと火をつけました。ヒデ先生は絶体絶命のピンチに見舞われました。
「相対性理論を否定すると、最後はこうなるのさ。お前は時代に先行し過ぎた。今から400年後に相対性理論を切り崩せば良かったものを…相対性理論が花盛りの今の時代にやるから、こうなるはめになったのだ」
　足もとでは火がめらめらと燃え始めています。
「しかし、安心しな。もだえ苦しんでも、たぶんお前は400年後に名誉を回復されるだろう。ブルーノのようにな」
「ブルーノ？　彼はいったい何をしたのだ？」

262

「当時の常識である『すべては地球を中心に回っている』という考え方に反する主張をした。そして、地球を他の惑星を同じように考えた。『地球だけは特別に神聖な星である』という聖域に手をつけてしまった。だから、俺様が400年前に火をつけてやった。お前はあいつと同じことをしている。現代物理学の常識である『光だけは特別に神聖な自然現象である』という考え方に反する主張をしている。現代物理学に合わないのだよ…お前は」

闇の処刑人は言いました。

「お前がいなくなることによって、相対性理論はしばらく安泰だ」

「私が死んでも、また次の世代の若者たちが相対性理論の矛盾を指摘するぞ」

「な～に、次のしつこいやつが出てきたら、また始末すればよい。俺様の仕事がちょっと増えるだけだ」

ヒデ先生は足元に息をフーフーかけながら、火を吹き消そうとしています。しかし、火元までは距離が遠いため、消えるどころか、逆に火の勢いが増してきました。

◆　ヒデ先生の秘伝書

「悪あがきは無駄だ」

「私の書いたものは秘伝書として、すでにある後継者に渡

してある。だから私が死んでも、私の考えた証明はずっと後々まで残るであろう」
「後継者とはこいつのことか？」
　死刑執行人は指を鳴らして合図をしました。すると、そこに少年の入ったオリが運び込まれてきました。その少年は…なんと、あのサクくんでした。
「これはいったい…」
「ヒデ先生、ごめんなさい」
「もう、すでにあいつから秘伝書は奪い取ってある」
　死刑執行人は、胸元から巻物を取り出しました。
「俺は４次元生物だから、いつもであのようなオリからは抜けられる。しかし、あの小僧は一生オリの中で暮らすのだ」
　そして、たいまつで秘伝書に火をつけるとメラメラと勢いよく燃え上がりました。それを見ていたヒデ先生は気が遠くなりました。もう、絶体絶命です。
「どうせ、お前はもうすぐあの世に行くんだ。冥途のみやげ話に、面白いことを教えてやろう。ヒッパソス事件の真相だぞ」
「ヒッパソス？」
「そうだ。俺様のした仕事の１つであり、失敗談だがな」
　闇の処刑人は、苦悩に満ちた顔で静かに語り始めました。

264

◆ 散歩

「さあ、みんなで散歩をしよう」

　ピタゴラス教団での一日の始まりは森の散歩です。普段は1人1人散歩するのですが、今日は珍しくみんな一緒です。闇の処刑人はピタゴラスのすぐ後ろを歩いています。ピタゴラスはときどき、道端に生えている草を引っこ抜いて食べます。

「こいつは馬か」

　闇の処刑人は、菜食主義者のピタゴラスを冷ややかに見ています。

「わしはターレスのもとで学んだが、やつはすごい男だった」

　ピタゴラスは自分のことを話し始めました。ピタゴラスは18才のときに、すでに老齢になっていたターレスに教えを受けました。

「やつは、天動説で日食をピタリと予言した。それ以来、わしはこの世界は数に支配されているのではないかと思い始めた」

　数は、ピタゴラスにとっては万物を動かしている源のような存在でした。

「万物の根源はターレスの言った水などではない。数である！」

　しかしピタゴラスが数と考えていたのは、自然数mと自

第8幕　火あぶりの刑　265

然数 n の比（m：n ＝ m ／ n）のみです。自然数は自然数比の一部ですから、この世界は自然数比すなわち有理数によって秩序が保たれている、ということになります。

「森羅万象を自然数比によって理解できれば、素晴らしいことじゃないか。これがわしの夢じゃ」

ありとあらゆることがらの背後に数の秩序 ── 自然数比による数式 ── が潜んでいることに気づいたピタゴラスは、数の美しさに陶酔し、ついには数を崇める宗教団体としてのピタゴラス教団を設立しました。彼は口癖のように言っています。

「ものごとは、数を中心とする一定の法則に支配されている。つまり、数学的な秩序は自然界を支配している」

ピタゴラス教団では数を知ることが真理に近づくことだと信じられ、日夜、600 人もいる弟子たちが数学の証明に努力していました。そのうちの 26 人は女性でした。

入団には全財産を寄贈しなければなりません。そこで、闇の処刑人も全財産をピタゴラス教団に寄付して、5 年目にようやくピタゴラスに面会できたのでした。

◆　ピタゴラス教団

「あの女性は誰だ？」

「教祖様の奥様です。テアノ様といいます」

「ほほ〜、とてもきれいな方だな」

「もとはピタゴラス教団の団員の１人でした。今では立派な母親になられています」

「そうなのか」

「しかも、人類史上初の女性数学者らしいですよ」

「こりゃ、たまげた。その横にいる女の子は？」

「長女のミヤ様です」

「へ〜」

　闇の処刑人は仲間にいろいろ質問することによって、教団の内情をつかもうとしています。そこに、教祖が入ってきました。ピタゴラスは180ｃｍを超える大男です。その完璧な肉体は威厳にあふれています。そして穏やかで落ち着いた雰囲気を保ち、喜怒哀楽の感情を表に出すことはめったにありません。その大柄な男はおごそかに言いました。

「万物は数に支配されている」

　弟子の１人が聞きました。

「数とは何ですか？」

　男は弟子をにらみつけました。すると、その弟子は下を向いたまま黙ってしまいました。

「数とは『自然数』と『自然数の比』のことだ。この宇宙には『１，２，３という自然数』または『１／２や３／４などの自然数の比』以外の数は存在しない」

　どうやら、みんなは質問したくとも質問できないようです。

第8幕　火あぶりの刑　267

「この自然数の比が宇宙の調和を保っている。宇宙の調和を乱すことは絶対に許されない」

　みんなは黙って聞いていますが、闇の処刑人は心の中で別のことを考えていました。

「ちぇ。何で俺様がこんなピタゴラス教団に全財産を寄付しなければならんのだ。いくら仕事のためとはいえ、これじゃあ、あんまりだ。俺様は今では一文無しであり、ピタゴラスの言いなりにならなければ生きていけないじゃんか」

　教祖は話を続けます。

「直角三角形の斜辺を c とし、その他の 2 辺を a，b としよう。このとき、次なる関係式が存在する」

$$a^2 + b^2 = c^2$$

「これをピタゴラスの定理と名づけよう」

　みんなは不満そうな顔をしています。そんなとき、誰かがボソッとつぶやきました。

「教祖様が発見したわけじゃないのに…」

　教祖と呼ばれている男は、再び弟子たち全員を睨みつけます。

「ところで、われわれの発見した真理は、すべて私の発見である。そして、すべての数は自然数比で書き表すことができる。この教えを破った者には、厳しい罰が加えられるであろう。なあ、ヒッパソス」

突然に名前を呼ばれた若者はビクッと体を震わせました。その顔色は真っ青です。唇からも血の気が引いています。

「あいつがヒッパソスか。今回のターゲットだ。よく顔を覚えておこう」

「ところで、明日は海釣りに行くぞ。みんなもきちんと釣りの支度をして集まるように」

「やったー！」

　若者たちは大はしゃぎです。それを見ていたピタゴラスはギロリと睨みつけました。すると、みんなはすぐにシーンとなりました。この教団内では、ピタゴラスの権力は絶大です。

◆　ヒッパソス事件

　翌日の空はとてもよく晴れており、風が穏やかで釣りにはもってこいの日です。いくつもの船に乗ったピタゴラス教団の団員たちは、沖合に出てみんなで楽しく釣りを始めました。

　しかし、ヒッパソスと呼ばれている若者は、甲板の後のほうにたった一人でたたずんでいます。そして、細い木の枝で葉っぱに何かを一生懸命に書いています。闇の処刑人は静かに近づき、小さな声で聞きました。

「お前は何をしているんだ？」

第8幕　火あぶりの刑　269

「教祖様の言ったことを考えています」

「教祖の言ったこと？」

「ええ、教祖様はピタゴラスの定理を生み出しました」

「本当にそうかどうか、わからないぞ」

「そうですね。われわれの証明はすべて教祖様に捧げていますから。それはそうと、教祖様は『すべての数は自然数の比で表される』と言いました。だったら、１辺の長さが１の正方形の場合、対角線の長さはどんな自然数比で表わされるのだろうか？」

「それを求めているのか？」

「そうです」

　闇の処刑人はチャンスをうかがっています。

「よし、もう一度、証明をしてみよう。対角線の長さが自然数の比であって、仮にそれが見つかったとしよう。それにピタゴラスの定理を使ってみて、これを２乗してあれも２乗すると…あれれ、おかしいな。やっぱり矛盾が出てくる。矛盾が出てくるということは、対角線の長さは自然数の比で表わすことができないぞ。この前、教祖様に申し上げた通りだ。自然数でもない自然数比でもない数が存在している」

「そのことを他の誰かにしゃべったか？」

「いいえ、教祖様以外には言っていません」

「どれ、その証明を見せてみろ」

「いやです。これは私の証明です」

「いいから、その葉っぱを見せてみろ」

「いやだと言ったら、いやです」

2人はもみ合いになりました。闇の処刑人はこのときがチャンスとばかりに、ヒッパソスを海に突き落としました。他の連中は釣りと会話に夢中になっていて、誰一人として2人に気がつきません。

泳げないヒッパソスが大声でしきりに助けを求めています。その光景を闇の処刑人はじっと見ています。その手には、ヒッパソスから奪ったばかりの葉っぱが握られていました。

◆ 意外な報酬

闇の処刑人は、ようやく我が家に帰ってきました。しばらく住んでいなかった自宅は、建物も庭も荒れていました。

「ああ、俺様の仕事もやっと終わった。今回の仕事は時間がかかった。さぞかしたくさんの報酬が送られてくるであろう。楽しみだな」

玄関を開けて入った闇の処刑人は、冷蔵庫からビールを取り出して飲もうとしました。しかし、そこには冷蔵庫はありませんでした。

「ああ、今回の仕事のために、俺様は全財産を寄付したんだっけ」

そのとき、闇の処刑人は部屋の中央に置き手紙があることに気がつきました。
「なんだろう？」
　彼は開封して読んでみました。すると、次のように書かれていました。

　お世話になりました。私はもうあなたにはついて行けません。子どもたちを連れて実家に戻ります。

　何と、妻からの離縁状でした。闇の処刑人はそれを読んで号泣しました。どのくらい経ったでしょうか。彼はシクシクと泣きじゃくりながら考え直しました。
「でも、これだけ大きな仕事をやったんだ。たんまりと報酬が送られてくるはずだ。そしたら、この自宅も改修して、妻と子を迎えに行こう」
　ピンポ〜ン
「きたきた。は〜い」
「宅急便です。印鑑をお願いします」
「は〜い」
　闇の処刑人は軽い足取りで印鑑を手に持って玄関を開けました。
「ご苦労さんです」
　届いたのは大きな袋が１０個です。
「この袋の中に現金がたんまり詰まっているのか…フフ

フ」

　闇の処刑人は、その重い荷物を家の中に運び込んで、急いで袋を開けました。すると、その中にびっしり詰まっていたのは豆でした。
「なんじゃ、こりゃ？」
　手紙も一緒に入っています。

　ご苦労であった。謝礼として神聖な豆を送る。これは神聖であるがゆえに、絶対に食べたり、捨てたりしてはならない。ピタゴラス教団より。

　この手紙を読んでいて、体がワナワナとふるえて来ました。闇の処刑人は大声で叫びました。
「5年もかけて行なった仕事の報酬がこれか！　こうなったら、ヒッパソスの証明を世界中に公表してやる〜」
　闇の処刑人はたくさんの葉っぱに、ヒッパソスの証明を書き移し始めました。そして、思いついた人たちの宛名をどんどん書いていきます。
　そのとき、再びチャイムが鳴りました。
　ピンポ〜ン
「もしかしたら今度こそは現金かも。そうすれば、この家も豪邸にしよう。は〜い」
　闇の処刑人は再び印鑑を持って玄関を開けました。すると、そこにいたのは数人のごっつい男たちでした。男たち

第8幕　火あぶりの刑　273

は1枚の紙を見せて闇の処刑人に告げました。

「今日からこの家を明け渡してもらいます。この家の所有者はピタゴラス様です」

　闇の処刑人は全身をブルブル震わせて、怒りで卒倒しそうになりました。ごっつい男たちは闇の処刑人を身ぐるみはいで外に放り出しました。

　全裸の彼の手には葉っぱが数枚、握られているだけでした。その中には、あのヒッパソスから奪った葉っぱも含まれています。

　彼はとぼとぼと力なく歩き続け、近くにあったポストに葉っぱを投函しました。こうして、無理数の存在は世界中の知るところとなりました。

◆　ミッション

「$\sqrt{2}$ が有理数ではないことをヒッパソスが証明した。やつはそれを世界中に広めようとしたので、俺様は依頼を受けた。やつを始末せよ…と」

　闇の処刑人は、依頼があると時空を超えて暗殺に向かいます。

「でも、私だって $\sqrt{2}$ が有理数ではないことを知っている」

「結果的に、俺様が世界中に広めてしまったからだ。だから、俺様はボスからきついお叱りを受けたのだ」

闇の処刑人は背中とお尻を出して、ムチで打たれた傷を見せてくれました。

「ククク…」

　どうやら、思い出して泣いているようです。

「俺様にも妻子はある。養わなければならない家族はいるんだ。まだ、実家に戻ったままだがな…久々のでかい仕事だ。だから、今度こそはヒッパソスの二の舞にならないように、確実に実行をしなければならない」

　ヒデ先生は２つの類推をしてみました。

　ヒッパソスは、$\sqrt{2}$が有理数ではないことを発見した。これは世の中を震撼させることであり、口封じのためにヒッパソスは殺された。

　ヒデ先生は、連続体仮説が命題ではないことを発見した。これは世の中を震撼させることであり、口封じのためにヒデ先生は…。

「私は殺されてしまうのか？　連続体仮説が命題ではないことを世間に公表する行為は、死に値することなのか？」

「よけいなことを証明したのが悪いのだ。数学を根本からくつがえすという意味では、お前の証明はヒッパソスのそれに匹敵する」

「いったい、お前は何回、ミッションを受けたのだ？」

第８幕　火あぶりの刑　275

「でかい依頼はヒッパソスのときが最初だ。2回目はヒュパティアだ」

「ヒュパティアが殺されたのは、お前の仕業だったのか…女性をなぶり殺しにするなんて卑怯だぞ」

「あれには俺も反省している。か弱い女性に悪いことをしたなと。3回目はブルーノのときだった」

「4回目は私か…」

　ヒデ先生は静かに目を閉じました。

◆　アキレスとカメのパラドックス

「まだ目を閉じるは早いぞ」

　闇の処刑人はもう少し、ヒデ先生をいたぶりたいみたいです。

「お前は可能無限を信じているそうだな」

「その通り…です」

「でも、それではアキレスとカメのパラドックスは解決できないぞ」

　アキレスとカメが競争します。アキレスは足が速いので、ハンディをつけてカメよりも後ろから同時にスタートしました。まず、アキレスはカメのいたスタート地点に着きます。そのとき、カメは少し前に進んでいます。次に、また

アキレスはその地点に着きます。すると、カメは再び少し前に進んでいます。これは無限に繰り返されます。無限が終わらない以上は、いつまでたってもアキレスはカメに追い着けません。しかし、実際にはアキレスはカメに追い着けます。これがアキレスとカメのパラドックスです。長い間、このパラドックスは解決されませんでした。

「アキレスとカメのパラドックスは、可能無限ではお手上げだ。このパラドックスを解決するためには、どうしても実無限が必要だ。つまり、無限を終わらせることだ」

　無限が終わらないからアキレスはカメに追い着けない。じゃあ、答えは簡単である。無限を終わらせればよい。

　このような発想 —— 終わる無限 —— を実無限と呼んでいます。終わらない無限を終わったと仮定する実無限を数学に導入すれば、アキレスは次のように簡単にカメに追い着くことができます。

　無限が終わった瞬間に、アキレスはカメに追いつく。

　このように、終わる無限を用いると、解決不可能であった難問があっという間に解決します。かくも実無限は実に便利な考え方です。

第8幕　火あぶりの刑　277

◆ 可能無限による解法

「いいえ、可能無限でも十分に解けます。足の速いアキレスが足の遅いカメを、後ろから追いかけたとします。ある時間が経過した場合、起こっている事象は次の３つのどれかです」

（１）アキレスはまだカメに追いついていない。
（２）アキレスはちょうどカメに追いついた。
（３）アキレスはすでにカメを追い抜いている。

「これは単なる場合分けであり、これ以外の可能性はありません。ここで、アキレスはまだカメに追いついていないという条件を満たしている場合について考えます」
「できない証明など、するな！」
「できます。このとき、アキレスはカメのいた地点まで進むと、カメはそれよりもちょっと先まで進んでいます。さらに、アキレスはカメのいたその地点まで進むと、カメはさらにそれよりもちょっと先まで進んでいます。この行為は無限に繰り返されます。したがって、アキレスはいつまでたってもカメ追いつくことができません」
「そうだろう。結局、可能無限ではアキレスとカメのパラドックスは解けないのだ」
「いいえ、お忘れでしょうか？　これは『アキレスはまだ

カメに追いついていない』という条件を満たしているとき
にのみ成り立っています。最終的には、アキレスとカメの
パラドックスは次のように簡単に解決されます」

　アキレスがまだカメに追いついていないという条件のも
とでは、「アキレスがカメのいた地点まで進むとカメはそれ
よりもちょっと先まで進んでいる」という無限の繰り返し
は終わることがない。

「これが可能無限によるアキレスと亀のパラドックスの解
法です。わざわざ『無限が終わったときにアキレスは初め
てカメに追いつく』という実無限の助けを借りるまでもあ
りません」

◆　トムソンのランプ

「こしゃくな…他に言い残すことは何かないか？」
「…」
「では、本格的に火をつけよう」
「待ってくれ…ランプ…」
「ランプがどうした？　ランプに火をつけてほしいのか？」
「トムソンのランプ…」
「また、そんなくだらんことを」

「いいえ、聞いてください。私の最期のお願いです」

　仕方なく、闇の処刑人はヒデ先生の説明を聞き始めました。ヒデ先生は、絞り出すような声で説明し始めました。

　無限の速度で反応できるランプがあるとします。最初はスイッチをONにしておきます。次は１／２秒後にOFFにします。次は１／４秒後にONにします。次は１／８秒後にOFFにします。次は１／16秒後にONにします…では、このランプは１秒後にはONになっているのか？　それともOFFになっているのか？　この問題がトムソンのランプです。

「では、先ほどのアキレスとカメのパラドックスを解いたように、実無限でこの問題を解いてくれませんか？　１秒後にはONになっていますか？　それとも、OFFになっていますか？」

「死ぬ間際に、俺様に問題を解けと言うのか？　偉いよ、お前は。実無限でも解けない問題はある」

「では、可能無限で解いてみます」

「なに?!」

「この問題に対する答は単純明快です。先ほどのアキレスとカメの応用です。時間の分け方は、次の３つです。最初のスイッチONの状態から（１）１秒を経過していない（２）ジャスト１秒後である（３）１秒を過ぎている、の３

つに分けて、それぞれを考えてみます」

（1）１秒を経過していないとき

ＯＮかＯＦＦのどちらかである。

（2）ジャスト１秒後のとき

　無限は終わらないから、ちょうど終わったと仮定している１秒後は命題ではない。つまり、ＯＮやＯＦＦを議論することがナンセンスである。

（3）１秒を過ぎているとき

　これも無限が完了した後の状態であり、可能無限を扱う数学では議論の対象とはならない。

「スイッチをＯＮしたりＯＦＦにしたりする操作を無限に繰り返す以上は、終わりがありません。だから、**無限に繰り返した結果はどうなるのか？（＝１秒後にはどうなっているか？）**という問いは、完了した結果、あるいは完結した結果を聞いています。だから、これは**実無限をもとにした質問です**。そもそも実無限は矛盾しているのだから、実無限で聞かれた質問に答える必要はありません。そのときに無理に答えたら、その後の論理展開がすべて狂わされてしまいます。それこそ、カントールの対角線論法の二の舞になります」

「カントールの対角線論法？」

「カントールは、すべての自然数からなる集合Ｎとすべて

第8幕　火あぶりの刑　281

の実数からなる集合Rの間の一対一対応が完結したらどうなるのかに答えたのです」

「その答えは？」

「実数の数が余りました」

「ということは？」

「答えてはいけない質問に答えのです。その結果、新たな疑問を生み出した」

「それは何だい？」

「連続体仮説です」

「ひょっとしたら、連続体仮説はナンセンス —— 非命題 —— だというのか？」

「そうです。その昔、地球では連続体仮説の真偽を問う学問上の流れが発生しました。そして、多くの者がそれに挑戦したけれど、いまだに連続体仮説の真偽は不明のままです。はっきり言ってしまうと、『真偽を持たない非命題の真偽を求めよ』と問われても、誰もそれに正しく答えることはできないのは当たり前でしょう。連続体仮説だけではなく、実無限から生まれたとんでもない問題がたくさん出てきています。そのほとんどが、難問といわれているものです」

◆ ブーイング

「ああ、くだらん。もう、聞き飽きた。一方的に好き勝手なことをしゃべりやがって。お前との遊びは、これまでだ」

闇の処刑人は積み上げられた本全部に火をつけました。それはまるで赤い大蛇のように渦巻いて、ヒデ先生を包み込みました。

そのときです。コロッセウムの中央に突然と１匹の奇妙な生き物が現れました。めがねをかけたアザラシのような動物です。それと同時に大きなつむじ風が起こり、強烈な砂ぼこりが舞い上がって、みんなは一時的に視界が真っ暗になりました。

「いったいこれは何なんだ！」

そのつむじ風で十字架の火はたちまちのうちに消えてしまいました。闇の処刑人が持っているたいまつの火だけがまだくすぶっています。

みんなが目をぱちくりさせていると、薄暗い中で十字架に縛られたはずのヒデ先生がいつの間にか消えています。今度はみんなの目は点になってしまいました。

後の残ったのはコロッセウム中に鳴り響くブーイングの嵐です。

「うきゅ～の神様か？」

闇の処刑人は天に向かって叫びました。

「俺様の仕事を邪魔するな！」

第8幕　火あぶりの刑　283

◆　天の声

　そのとき、天から声が聞こえてきました。
「目覚めよ〜〜〜」
　民衆たちは、気がついたようです。
「ハッ、われわれは何をしていたんだ？」
「俺はいつの間にか、火をつけろと叫んでしまった」
「私もそうだわ。恥ずかしいことだわ」
「僕も、ヒデ先生の死刑を望んでいた。なんて恐ろしいことだ。ヒデ先生がいったい何をしたというの？　悪いことをしたの？　法律を犯したの？」
　民衆はざわざわとし始めました。
「俺たちは催眠術にかけられていたんだ」
「あいつがいけないんだ」
　民衆の１人が闇の処刑人を指差しました。
「俺たちの心を操っていたのはあいつだ。あいつをやっつけろ！」
　みんなは集団で闇の処刑人に近づいてきます。
「こりゃ、やばい」
　闇の処刑人はたいまつの火を吹き消すと、すぐにリュックサックに放り込みました。そして、手早く荷物をまとめ上げ、それを背負いました。
「また必要があれば、いつでも呼んでくれ。社会を不安に陥れるやつは、俺様が片づけてやる」

284

そのとき、コロッセウムの中央で異次元世界の口が開きました。闇の処刑人はその中に飛び込むと、その口はスーッと小さくなって消えてしまいました。しかし、その直後に異次元から悲鳴が聞こえます。
「あ、あ、あっちちち〜」
　民衆はぽかんと口をあけたまま、かたまってしまいました。

◆　ヒデ先生救出

　ヒデ先生は、火あぶり直前にうきゅ〜の神様に助けられました。しばらく失神していたヒデ先生が目を覚ますと、自分が抱きかかえられていることに気がつきました。
「ここは？」
「宇宙だきゅ〜」
　うきゅ〜の神様とヒデ先生は宇宙服を着ていません。星々がものすごい勢いで後方に飛んでいます。
「宇宙旅行をしているんだ…」
「そうだきゅ〜」
「でも、苦しくない」
　うきゅ〜の神様は優しくヒデ先生を包み込んでいます。よく見ると、うきゅ〜の神様は反対の手でサクくんを抱えています。サクくんはVサインを送ってきました。

「どこに行くの？」

「地球だきゅ〜」

　そのとき、地球のレーダー網にひっかかったようです。地上の多数のミサイルがうきゅ〜の神様の方角に向き始めました。

「大丈夫だきゅ〜」

　ミサイルが発射される寸前にうきゅ〜の神様は時空を大きくゆがめ、瞬間的に地球に到着していました。

第9幕

アインシュタインと遊ぶ

◆　プリンストン高等研究所

　ミーたんとコウちんの乗ったＵＦＯはブラックホールに飲み込まれそうになりました。
「大変だ。このまま飲み込まれたら、僕たちは小さくなって、最後には点になってしまう。そしたら、幾何学の一員になっちゃうよ」
「そんなのんきなことを言っていられないわ。私たちは生きていけないのよ」
「違うよ。本に書いてあったよ。０次元生物に生まれ変わるだけだって」
　これから死ぬかもしれないのに、屁理屈の多いコウちんでした。やがて、ＵＦＯはブラックホールの中に消えてしまいました。いったい、どのくらい経ったのでしょうか？２人は気がつきました。どうやら危険は去ったようです。でも、再び、おかしなところへ迷い込んでいます。辺りはとても静かです。ＵＦＯはゆっくりと着地しました。
「ここはどこなのかしら？」
　ずいぶんと静かで広いところです。
「とにかく、降りましょう」
　２人はおそるおそる降りました。着地したそばには木があります。その木には、いくつもの大きな傷がついています。ミーたんは木の傷をじっと見て言いました。
「これは、ちょうど良い目印になるわね」

そして、２人は汗だくになりながら、再び、ＵＦＯをその木の後に隠しました。
「こんなに広いから隠す必要はないんじゃないの〜？」
「ダメよ。いくらＵＦＯが透明でも、そこらへんに置いたら歩いてきた人に当たるわ。そしたら、透明な物体が存在しているって大問題になるわよ」
「そうか〜」
　隠し終わった後、２人は周囲を見わたしました。すると、すぐ近くのベンチに座っていた白髪の老人がこちらをじっと見ていたではありませんか。ばれたかなと思ったミーたんとコウちんは、その人と反対方向に足早に去ろうとしました。その瞬間、その人は大きな声で聞きました。
「何を隠していたんじゃ？」
　２人はビックリしました。どうやら、見たことがある老人です。その老人は明らかに謎めいた大きなオーラに包まれて、すぐに只者ではないような印象を受けました。
　でも、なにか違和感を覚えたミーたんは、その人の頭から足元まで、じっと見てみました。すると、その老人は丈の短いダブダブのズボンに靴を履いていますが、靴下を履いていません。一緒に見ていたコウちんは聞きました。
「足がすれたりしないの？」
「気にせんでよい」
　その老人はパイプでタバコを吸っています。
「私が若かったころ、靴下の穴からいつも足の指がはみ出

第９幕　アインシュタインと遊ぶ　289

していた。それで靴下を履くのを止めたんだ」

　とにかく、小さなことは気にしないような大きな心の持ち主です。そのくせ、その目は子どものように輝いています。

「そう言うあなたは誰？」

「アインシュタインじゃ」

「え〜、ここはどこなの？」

「プリンストン高等研究所じゃ」

　ミーたんは再び、調べ始めました。

「大変だ。また、おかしな時代に迷い込んでしまったのよ」

「おかしな時代って？」

「アインシュタインおじさんに聞いてみたほうが早いわ」

「わしに何を聞きたいのかな？」

　すべてお見通しみたいです。

「今年は西暦何年ですか？」

「1952年じゃ。何を調べているんじゃ？」

　コウちんはタブレットをアインシュタインに見せました。アインシュタインはびっくりしながら、老眼鏡を取り出してみつめています。

「なになに、1950年以降、数学のメッカはゲッチンゲン大学からプリンストン高等研究所に移りましたと、書いてあるぞ。こりゃ、ゲッチンゲン大学のヒルベルトとここにやって来たゲーデル君のことじゃな」

◆　ゴム膜モデル

「コウちん、このアインシュタインおじさんは超有名人よ。万有引力の謎を解いたとされている理論物理学者よ」
「へ～、おじさんが万有引力を発見した人なの？」
「違う。発見した人はニュートンだ。しかし、彼は万有引力の謎を解明できなんだ。その謎を根本的に解明したのが、このわしだ」
「万有引力って何～？」
　アインシュタインはコウちんの質問に答えようと、4次元時空のゆがみを持ち出しました。
「よろしい、説明しよう。質量をもった物体があると、その周囲の4次元時空は一種のゴムの膜のようにゆがむんじゃ」
　アインシュタインはたとえ話が大好きです。複雑で分かりにくい内容を、別な具体的なもの置き換えてやさしく説明します。
「へ～、4次元時空はゴム膜なの？」
「そんなもんじゃ。宇宙の本質は、弾力のある薄いゴムの膜に似ているのじゃ」
　でもミーたんは疑っています。
「平らな薄いゴム膜に重いものを乗せると、膜が凹むじゃろう」
「もちろんだよ～」

コウちんはうなずいています。

「同じように、物体が存在すると4次元時空が凹むんじゃ。この凹み具合がゴム膜の凹み具合と物理学的に同じようなもんなんじゃ」

ゴム膜は単なるたとえであることは、ミーたんにもわかりました。そんなミーたんを横目に、アインシュタインは続けます。

「物体の存在しない状態のゴム膜の凹み具合をゼロとしよう。これは4次元時空が平らな状態じゃ」

コウちんは盛んにうなずいています。

「ゴム膜の上に大きな質量の物体を置くと、重いから深く凹む。そのそばに小さな質量の物体を置くと、軽いから少しだけ凹む。すると、その2つの物体の間のゴム膜も、本来の位置よりも少し凹んでいる」

「フ～ン」

コウちんは、またうなずいています。

「このまましばらく観察していると、小さな物体は大きな物体に向かって動き始める。これがまた、まるで、お互いに引っ張り合っているように見えるんじゃ。この現象を万有引力と呼んでいる」

「へ～！」

コウちんは驚嘆の声をあげました。

「万有引力は、本当は力などではない。それは4次元時空の単なる凹みじゃ」

292

コウちんはしきりに感心しています。

「これこそ、万有引力が発生する真のメカニズムじゃよ。わしは、とうとう４次元時空のゆがみを用いることによって、万有引力の根源的な説明に成功したのじゃ」

　コウちんはパチパチと拍手を送っています。アインシュタインは満面笑みを浮かべています。

「でも、これで万有引力の謎がすべて解けたわけではないと思うわ」

「そんなことはない。君もこのたとえ話で万有引力の謎を100％理解できたはずじゃ」

「いいえ、私にはまだ納得できないところがあります」

「それは何だい？」

「物体を乗せるとゴム膜が凹むのは、地球の重力があるからでしょう」

「は〜？」

「地球の重力がなければ、ゴム膜は凹みません。無重力の宇宙空間にゴム膜を置いて、その上に物体を乗せてみてください。ちっとも沈みません」

「なに〜？」

「ゴム膜に乗せた２つの物体がお互いに近づくのは、地球の重力によって、物体の重さに応じてゴム膜が凹むからです」

　アインシュタインは考え直しています。

「物体同士に働く万有引力の謎を解明するとき、その手段

第９幕　アインシュタインと遊ぶ　293

として、すでに『地球の重力（地球の万有引力）』が用いられています。これは循環論法の１つであり、論理としてはいかがなものでしょうか？」

「…なるほど…」

「このゴム膜によるたとえ話は、地球上のいたるところで使われているようです。そして、相対性理論を理解できない人々を納得させる手段としては、最高の道具かもしれません」

　アインシュタインは心の中でつぶやきました。

「やばい…」

「これは一種のたとえ話であり、このたとえ話は実によく理解できます。しかし、たとえ話はあくまでもたとえ話であり、それは本物とは根本的に違います。たとえ話をすることで万有引力の謎を解明したことにはなりません」

「とうとう、見破られたか…」

　アインシュタインは心の中でそう思いながら、別のたとえ話を探しています。

「う〜ん」

　うなっていますが、なかなか思いつかないようです。

「君たちはなかなか手ごわいな。このゴム膜で相対性理論に同意しなかった人は１人もいなかったのに…。君たちは本当に地球人か？」

「ガワナメ星人です」

「宇宙人か…どおりで…」

294

アインシュタインは納得したようです。

◆ ニュートンとの電話

「じゃあ、参考までに万有引力の式を作ったニュートンおじさんにも聞いてみようか？」

　最近の携帯電話はとても進歩しており、時空を超えて電話をかけることもできます。コウちんはニュートンに電話をかけました。アインシュタインは不思議な顔をしてコウちんを見ています。しばらく何かを話した後に、携帯電話をアインシュタインに渡しました。

「ニュートンさんがおじさんと話をしたいんだって」

「わしと？」

　アインシュタインは電話を受け取りました。

「もしもし、わしはアインシュタインだが…君はニュートン君かね」

　お互いに声が大きいので、話の内容が周囲にも聞こえます。

「私はニュートンだ。君がアインシュタイン君か。私の力学を拡張した相対性理論なるものを作ったという…」

「いやあ、拡張したなんて…ちょっとしたアイデアで、あなたの解けなかった問題を解いただけですよ」

「そのアイデアが問題なんだ」

第９幕　アインシュタインと遊ぶ　295

「問題は解ければ、それでいいのです」

「いいや、解ければいいという安易な態度は、矛盾した物理理論を生むであろう。私もすでに同じような理論を作ったこともあった。しかし、それをすぐには発表しないで、しばらく考え続けたのだ。そしたら、そのうち矛盾していることがわかった」

　ニュートンは、自分の業績をすぐに公表しない慎重さを持っていました。しかし、その慎重さは現在ではとても受け入れられません。ぐずぐずしていたら、他人に占有権を取られてしまうからです。

「わしの相対性理論は矛盾していない」

「今、そこにいる子どもから聞いたが、君は光速度不変の原理なるものを取り入れたそうだな」

「それは、わし独自の画期的なアイデアです」

「確かに、ある意味では画期的だ」

「そうでしょう」

　アインシュタインは自分でうなずいています。

「でも、その本質を君はまだ見抜いていないのではないのかな？」

「どういうことですか？」

「光速度不変の原理は『〜のように観測される』という原理だそうだな」

「そうです。光の速度は誰が観測しても一定であるように見えるという原理です」

296

「原理の中に『観測される』や『見える』が含まれている
ではないか」

「それが光速度不変の原理の本質です」

「なるほど、君は知っていたのだね。では、観測は誰が行
なうのかね？」

「もちろん人間です」

「すると、君の作った原理には人間が登場していることに
なるぞ」

「まさにそのとおりです。今まで誰も見抜くことができな
かったのに、さすがにニュートン君は鋭いですね。一瞬に
して本質にたどり着きましたね」

　アインシュタインは否定することなく、光速度不変の原
理の本質について得々と語り始めました。

「光速度不変の原理は人間の観測という行為を中心とする
原理です」

「それがいけない。物理学は人間の行為を扱う学問ではな
い。しかし、相対性理論では人間が物理学の中に頻繁に登
場する。原理や法則の中にむやみやたらと人間の行為
　── 観測 ── を入れてはいけない」

「でも、このような生き物の行為を物理学の原理の中に取
り入れたほうが便利です。なぜならば、難問を解決できる
ようになるからです。これは画期的な方法ですぞ」

「いや、それは矛盾した理論を生み出すだけだ」

「わが相対性理論に矛盾はありません」

第９幕　アインシュタインと遊ぶ　297

どうやら、ニュートンとアインシュタインは喧嘩を始め
たようです。

◆　ゆがみに沿って動く

　アインシュタインはニュートンを追求します。
「そもそも万有引力など存在しない」
　とうとう万有引力まで否定しました。
「物体が存在すると周囲の時空がゆがんで、そのゆがみに
沿って小さな物体が大きな物体に向かって自然に落ちてい
くだけだ」
　ニュートンは必死に抵抗します。
「そんな面倒くさい考え方をする必要はない。大きな物体
は小さな物体を引っ張り、まったく同じ力で小さな物体も
大きな物体を引っ張っている」
「外から見るとそう見えるだけです。実際にはお互いに相
手を引っ張る力など存在しません」
　アインシュタインは、今度は力の存在まで否定しました。
「２つの物体は、時空のゆがみに沿って自然に落下してい
るだけだ」
「では、なぜ自然落下するのか？」
「…」
　アインシュタインは言葉を失いました。

「アインシュタイン君。君は、２つの物体が近づく原因を時空のゆがみで説明したいのだな」

アインシュタインは小さな声で答えました。

「いかにも」

「では、『ゆがみに沿って２つの物体が自然落下する』という主張の原因も説明すべきだ」

「そうですな…。物体が時空のゆがみに沿って自然に落下するのは…その…だな…どこかに落下させる力が存在するからだ」

「アインシュタイン君！」

ニュートンは叱りつけました。

「君は時空のゆがみに沿って物体は自然落下すると言った。それが外から見ると、まるで万有引力に見えると言った。しかし、君自身も結局は『どこかに力があるから自然に落下する』と言っているではないか」

「では、落下という言葉を使いません。物体が存在すると、周囲の時空はゆがみます。このゆがみに沿って物体は自然に動き出します」

「なぜだ？」

「…」

「答えたまえ、アインシュタイン君。時空がゆがむと、どうして物体は動くのだ」

このニュートンの鋭い質問に、アインシュタインは額から出てくる汗をハンカチでぬぐっています。

第９幕　アインシュタインと遊ぶ　299

「時空のゆがみが物体を動かします…」

「では、その時空のゆがみは物体を押しているのか？　それとも引っ張っているのか？」

「それは空間の曲がり具合で決まることであって…」

「空間は曲がらん！」

「それはニュートンさん、あなたが非ユークリッド幾何学を知らないのだから言えるのだ」

「だから言っただろう。私は非ユークリッド幾何学も考えたが、すぐに矛盾していることわかった。だから、それ以降は考えていない。まさか君たちは、こんな矛盾した幾何学を未来の物理学で使っているのではないのだろうね？」

◆　大物2人の喧嘩

「やばいよ。会話を止めさせよう」

　でも、2人は止めようとはしません。

「一般相対性理論は非ユークリッド幾何学を使っているのだな」

「その通りです」

「実は、私も平行線公理を否定する幾何学を考えたことがある。しかし、これはすぐに間違いであることがわかった。だから、それ以降は考えていない」

「それは残念ですな。もし、あなたがそのまま考え続けた

ら、きっとあなたも非ユークリッド幾何学を作り上げたでしょう。あなたにはそれだけの数学的な才能があったはずだ。それなのに、錬金術などにうつつを抜かしていたのは非常に残念だ」

「そんな幾何学は必要ないよ。ニュートン力学が自ら壊れるからね。それにしても、なぜ錬金術のことを知っているんだ？」

「わしは未来の人間だからです。未来の人間はあなたのことをよく知っていますよ」

「そうか。話をもとに戻すが、ユークリッド幾何学もニュートン力学も無矛盾で良識的だ。しかし、非ユークリッド幾何学と相対性理論は両方とも良識を欠いており、おまけに両方とも矛盾している」

アインシュタインは負けてはいません。

「ニュートンさん、あなたには批判が殺到したことをお忘れですか？　あなたは重力の方程式を作ったけれども、重力がなぜ発生するのかという肝心の部分がまったくなかった。ニュートン力学は欠陥品です」

「なにを！　重力の原因がわからなくてもかまわん。そこに法則性が認められ、天体の運動や粒子の運動がきちんと説明できれば、それで十分なんだ」

「ニュートンさん。言っては何ですが、あなたは重力のメカニズムを解明できなかった。いいですか。解明できなかったのですよ。何度も言いますが、あなたは重力のメカニ

第9幕　アインシュタインと遊ぶ　301

ズムを解明できなかった。しかし、わしは重力のメカニズムを解明したのです」

「そして、それは？」

「時間と空間のゆがみです」

「バカバカしい。時間がゆがむ？　空間がゆがむ？　ＳＦ小説かいな。時空がゆがむ原因はなんだ？　説明したまえ」

「わしにもわからん。でも、時間と空間、すなわち時空がゆがむ原因がわからなくても、そこに法則性が認められ、天体の運動や粒子の運動がきちんと説明できれば、それで十分なんだ」

「私をパクるな！　じゃあ、アインシュタイン君。君も結局は時間と空間のゆがみが発生する原因がわかっていないじゃん。つまり、重力のメカニズムを解明できなかったということじゃん」

「アハハ」

「アハハじゃない」

◆　邪道

「私のニュートン力学はまっとうな科学だ。しかし、君の相対性理論は邪道だ」

「ニュートンさん。お言葉ですが、現代とあなたの時代とは大きく違うんです。現代は非常に忙しい時代であって、

そんなのんきなことを言ってはいられません」

「君たちはそんなに忙しいのか？」

「そうです。物理学には早急に解決しなければならない難問がひしめいています。ニュートン力学では、これらを解決することはできません」

ニュートンはしばらく黙りこんだ後に言いました。

「しかし、君。時間や空間を曲げてまで解決することはないだろう。いくらなんでもやり過ぎだ。ものごとには限度があるように、理論にも限度があるんだ」

「いいえ、問題が解ければ何をしてもいいのです。これが物理学の自由というものです」

「束縛を解かれた自由はいずれ暴走する。物理理論から矛盾が出てくるのだよ」

「私はその対策として特別な工夫をしました。だから、私の相対性理論から矛盾を証明することは誰にもできません」

「自信たっぷりだな」

「そうです。相対性理論には、矛盾を抑え込むとっておきの秘儀が隠されています。私はこの秘儀を相対性理論の中に組み込んで全世界に公表したのです」

「組み込んだ？」

「そうです。それは実に巧妙に仕込まれています。だから、これを発見できる人は、現在の地球上には誰もおりません」

ニュートンは憮然とした態度です。

「私が作り出したニュートン力学では、そんな小細工をし

第9幕　アインシュタインと遊ぶ　303

ていない」

　アインシュタインは少し間を置いてから返します。

「理論を作る際に、事前に矛盾を回避する策を講じるか講
じないかは、その物理理論を作った人の頭の良さにもより
ます」

　ニュートンはムッとしました。

「君の相対性理論は科学における邪道だ。絶対空間と絶対
時間を否定することは、ユークリッド幾何学の平行線公理
を否定するのに等しい野蛮な行為だ」

　アインシュタインも負けてはいません。

「野蛮ではありません。ニュートン力学を支えているユー
クリッド幾何学は、今や遠い過去の幾何学です。高度に進
んだ現代幾何学においては、古めかしいユークリッド幾何
学は最新の非ユークリッド幾何学の一部になり下がったの
です」

　ニュートンはびっくりしています。

「無矛盾な幾何学が矛盾した幾何学の一部になったんだっ
て？」

「そんなことはどうでもよいです。非ユークリッド幾何学
は、ユークリッド幾何学を拡張した幾何学です。非ユーク
リッド幾何学がユークリッド幾何学を超えたように、わし
の相対性理論はあなたのニュートン力学を超えたのです。
あなたのニュートン力学は、わしの相対性理論の一部に過
ぎません。つまり、ニュートン力学は相対性理論の軍門に

下ったのです」

「いや、君は私をまったく超えてはいない。また、非ユークリッド幾何学はユークリッド幾何学をちっとも超えてはいない」

「いいえ、とっくに超えました。その証拠に、すべての地球人が、あなたよりもわしのほうを数段高く評価しています」

　コウちんはやばいと思って、アインシュタインから電話を奪いました。

「じゃあね、ニュートンおじさん。また電話するね」

　ガチャン！

◆　オカルト

「まだ、話したいことがあるのに…」

　アインシュタインは残念そうな顔をしています。

「ニュートン君には困ったもんだ。これだけたくさんの検証に耐えて生き残っているわしの相対性理論を邪道だなんて…まったくどうかしているよ。わしの相対性理論こそ正道であり、邪道はニュートン力学のほうだ。ニュートン力学が公表された後、オカルト理論と酷評されたことを彼は忘れているようだ」

「ニュートン力学はオカルト理論だったの？」

「彼の考案した微分積分学も、公表された直後は数学におけるオカルト理論と言われていた」

「へ〜」

「ニュートン力学も微分積分学も、初めはトンデモ理論として非難ごうごうだったんだね。地球の科学史って面白いね。ニュートンおじさんはトンデモおじさんだったんだね」

「でも、わしは違うぞ。わしはトンデモとは言われなかった。しかし、わしをねたんだ50人ほどの物理学者たちが連名で『相対性理論は間違っている』という署名運動を起こしたことがあったな」

「そうなの？」

「ああ。物理理論を否定するのに署名を集めるとは、お笑いものだ。物理学は政治ではないことをまったく理解しておらん。署名で物理学を変えようなんて前代未聞だ。むしろ、わしの相対性理論はすんなりと全世界で認められた。相対性理論の人々の受け入れ方は、ニュートン力学とは比較にならないほどスムーズだった。なにしろ、多くの人々はわしの理論に涙を流すほど感動したからな」

「それはオーバーよ」

「とにかく、それほど優れた理論だったのだ。わしの相対性理論は」

◆　4次元時空のゆがみ

　ニュートンは、気晴らしや娯楽とは無縁の人でした。ゆるんだ靴下に、かかとのすり減った靴を履き、いつも汚れた白衣を着て、髪にはほとんどくしを入れませんでした。生涯、靴下を履いたことがありません。アインシュタインもまた、髪をとかさず、靴下も履きません。

　ニュートンは笑わない人でした。そして、アインシュタインもまた笑わない人でした。ニュートンとアインシュタインは、寝ても覚めても研究に没頭しているため、心ここにあらずという状態で、外見に無頓着な典型的な科学者でした。2人とも常に真顔で真剣勝負をしていました。そんな似た者同志によるガチの喧嘩は迫力満点でした。

　そのとき、ニュートンからまた電話がかかってきました。
「あれから考え直したのだが、アインシュタイン君の間違いを発見した。それをこれから指摘しよう」
「それは無理でしょう。君は万有引力の大きさを数式で明らかにしました。しかし、なぜ物質が存在すると万有引力が発生するのか？　という根本的な問題を説明できませんでした。ここで、わしは視点をがらりと変えて、次のような三段論法を考えたのです」

　物質が存在するとXが発生する。Xが発生すると万有引

力が発生する。ゆえに、物質が存在すると万有引力が発生
する。

「ニュートン君。君はこのXを発見できなかったことにな
る。ところが、わしはとうとう、そのXを発見することに
成功した。そして、出てきた解が次なるものだ」

　　X＝４次元時空のゆがみ

「さっそく、これを代入してみよう」

　物質が存在すると４次元時空のゆがみが発生する。４次
元時空のゆがみが発生すると万有引力が発生する。ゆえに、
物質が存在すると万有引力が発生する。

「わしの考案したこの三段論法は、世界中から絶賛された。
そして、相対性理論は物理学にしっかりと根を下ろした」
　ニュートンは反論します。
「しかし、Xは４次元時空のゆがみだけが解ではない。た
めしに、Xに幽霊を代入してみたらどうだ？」
「なに？　なんてことを言い出すんだ！」

　物質が存在すると幽霊が発生する。幽霊が発生すると万
有引力が発生する。ゆえに、物質が存在すると万有引力が

308

発生する。

「このとき『物質が存在すると幽霊が発生する』には、科学的な根拠がない。しかも、『幽霊が発生すると万有引力が発生する』にも科学的な根拠はない。実は、一般相対性理論も同じだ。『物質が存在すると4次元時空がゆがむ』には、科学的な根拠ない。しかも、『4次元時空がゆがむと万有引力が発生する』にも科学的な根拠はない。そもそも、次なる論理に無理がある」

　物質が存在すると、4次元時空のゆがみが発生する。

「結局、君はこのメカニズムを解明してない。もし仮に、その謎を解明するためにYという新しい概念を導入すると、さらに次なる論理が必要になる」

　物質が存在するとYが発生する。Yが発生すると4次元時空のゆがみが発生する。4次元時空のゆがみが発生すると万有引力が発生する。ゆえに、物質が存在すると万有引力が発生する。

「しかし、これではきりがない。仮にこのYを見つけたとしても、そのYを説明するのに、今度は次なるZが必要になる」

物質が存在するとZが発生する。Zが発生するとYが発生する。Yが発生すると４次元時空のゆがみが発生する。４次元時空のゆがみが発生すると万有引力が発生する。ゆえに、物質が存在すると万有引力が発生する。

「つまり、今までの考え方である『一般相対性理論によって万有引力の本質に一歩近づいた』は誤りである。一般相対性理論は万有引力の本質にはまったく近づいておらず、逆に、矛盾した理論ゆえに万有引力の法則の本質からどんどん遠ざかっている。そもそも、４次元時空のゆがみとは具体的に何なのか、今のところまったくわかっていない。あまりにも抽象過ぎて、とらえどころがないからだ」

◆　ノイマン交差点

　ニュートンがそう言い終わった瞬間、異様な音がしました。

　キ〜〜〜、ガチャン

　すぐに３人は音の方向を見ました。すると、１台のキャデラックが木に衝突しています。ボンネットは開き、煙が

シューシューと上がっています。この音と衝撃のせいでし
ょうか、ニュートンとの電話は自然と切れてしまいまいま
した。

　車から降りてきたのは、恰幅の良い正装した男性です。
車を見ながら盛んに頭をかいています。そこに、サイレン
を鳴らした1台のパトカーが急行しました。2人の警察官
が下りて、じろじろと車と男性を見ています。

「また、車を運転しながら歴史の本を読んでいたんだろ
う？」

「これは歴史の本ではない。コンピューターの本だ。いや、
今回は本を読んでいない。本を手に持ちながら、考えごと
をしていたんじゃ」

　その男は警官たちと何やら言い争っているようです。

「わあ、見て見て。あの人、ノイマン司令官に似ているよ」

「あら、本当だわ。そっくりよ。あ、まずい」

「どうしたの？」

「ＵＦＯの隠してある木よ。行きましょう」

　2人は猛ダッシュで事故現場に行きました。アインシュ
タインはあっけにとられています。しかし、2人の後を追
って歩いて行きました。そして、木を見つめてこう言いま
した。

「これはノイマンの木だ」

　このアインシュタインの一言で、状況がすべてわかりま
した。この男性はこの木に何度も車をぶつけていたのでし

第9幕　アインシュタインと遊ぶ　311

た。警官たちは、そばに立っているアインシュタインに気がついて敬礼しています。

「彼は私の友人のノイマン君じゃよ」

「この木はプリンストン高等研究所の所有物です。傷をつけないようにお願いいたします」

「わかりました」

警官は違反切符を切らずに去って行きました。

「いったいどうしたの？」

「ここはノイマン交差点じゃ。この木はノイマンの木じゃよ」

アインシュタインは説明し始めました。ノイマンは考えごとをしながら車を運転する癖があり、よく同じ木に何度も車をぶつけていました。プリンストン高等研究所では有名な話です。

「また、コンピューターのことを考えていたんじゃろう」

アインシュタインは言いました。ノイマンは否定しません。

「絶対にコンピューターを作ると口癖のように言っていたが…今年中には完成するそうだが、それがいったい何の役に立つのかね？」

「コンピューターはとても便利です。これからの世の中を大きく変えていくでしょう」

「便利かもしれないが、そんなものは新しい物理理論を作るときには必要ない」

アインシュタインは目の前に１枚の紙をひらひらさせ、ポケットから１本の鉛筆を取り出して言いました。
「わしには紙と鉛筆があればいいよ」
　そのとき、ポケットから１枚の写真も落ちてきました。
「それは何？」
「これか、これはわしのお気に入りの写真だ」
　それは、アインシュタインが舌を出している世界で最も有名な写真でした。
「いつ撮ったの？」
「去年だったかな…72才の誕生日に撮ってもらったんだ」

◆　コンピューター開発

「ああ、ノイマン君。子どもたちを紹介しよう」
　アインシュタインは子どもたちをノイマンに紹介します。
「ノイマン君は天才の中の天才と呼ばれている」
「アインシュタイン先生、あなたもそう呼ばれています」
「ホッホッホ、そうか。しかし、わしの天才と君の天才とはちと質が違う。わしは計算が苦手だが、ひらめきの天才だ。ノイマン君は計算の天才であり、自分を超えた自動計算機を作ろうといしてる」
「コンピューターのことよ」
　ミーたんはコウちんに耳打ちをしました。

第９幕　アインシュタインと遊ぶ　313

「アインシュタインさん、私はひらめきの天才でもありますよ」

「そうじゃったな。でも、この研究所では実験や製作は行なわないはずじゃ。しかし、君はその…」

「コンピューターです」

「そうそう、それを作ろうとしている。プリンストン高等研究所に、実に厄介な問題を持ち込んだもんじゃ。わしも頭が痛いよ」

　アインシュタインは、コンピューターにあまり未来を期待していないようです。また、プリンストン高等研究所も実験や製作を行なう研究所ではありませんでした。コンピューターの開発などもまったく想定していません。

「アインシュタイン先生にはご迷惑をかけて申し訳ありません」

「理論物理学は紙と鉛筆があれば十分なのじゃ」

　アインシュタインは再びポケットから鉛筆やら万年筆やらを何本も取り出して見せました。

「このかわいい鉛筆がほしい」

「いいよ」

　アインシュタインは子どもが好きなようです。

「計算機は必要ないの？」

「ハハハ、計算機が新しい物理理論を考え出してくれるわけはないだろう。本当に価値があるのは、時代を先取りする直観だ」

314

アインシュタインは自分の頭を指さして、直観の大切さを強調しています。一方のノイマンは、コンピューターが将来、社会を一変させてしまうことを予想しています。そこで彼は、何が何でも世界に先駆けてプリンストン高等研究所でコンピューターを作ろうとしています。
「では、急ぐのでこれで失礼します」
　ノイマンはへこんだ車に乗って去って行きました。まだ開いたボンネットから煙が上がっています。

◆　不可逆現象

　ミーたんとコウちんは、本物のアインシュタインから相対性理論を教えてもらいたくなりました。ヒデ先生から聞いた相対性理論とどう違うのか、知りたかったからです。
「ねえ、おじさん。相対性理論を教えて」
「ああ、いいよ」
　アインシュタインは子どもたちに何でも教えたがっています。子どもたちは子どもたちで、無料でアインシュタインから授業を受けられる幸運に恵まれました。
「ヒデ先生から、相対性理論に対する疑問をいくつか聞いているのだけれども、質問してもいい？」
「ああ、何でもござれ」
「じゃあ、まず不可逆現象からね」

第9幕　アインシュタインと遊ぶ　315

相対性理論によれば、運動している物体の長さが縮み、質量が増え、時間は遅れます。時間の経過が遅れた結果として、物体の時刻も遅れます。

　長さが縮んだり、質量が増えたり、時間の経過が遅れたりするのは運動している間だけです。そのため、物体が停止すると、「短くなった長さ」も「重くなった質量」も「遅くなった時間経過」も完全にもとに戻ります。それこそ、完全に！

　ところが、どういうわけか「遅れた時刻」だけがもとに戻りません。これらをまとめると次のようになります。

　物体が運動することによる長さの短縮…可逆現象
　物体が運動することによる質量の増加…可逆現象
　物体が運動することによる時間経過の遅れ…可逆現象
　物体が運動することによる時刻の遅れ…不可逆現象

「物体の運動が停止しても時刻の遅れだけがもとに戻らないのはどうして？」

　子どもにしては、なかなかの鋭い質問です。アインシュタインは軽く流しました。

「時刻までもが完全にもとに戻ったら、ニュートン力学となんら変わらないからだ」

316

◆ リンゴのパラドックス

「じゃあ、これは？」

　ニュートン力学では「宇宙に時計は1つだけ存在し、それゆえに、宇宙空間全体に共通している時刻も1つだけである」と仮定しています。
　それに対して、相対性理論は「それぞれの物体は独自の時計を1つ持っている（それゆえに、物体はそれ自体で独自の時刻を持っている）」と仮定しています。

【ニュートン力学】
　宇宙には時間軸はたった1本である。これを絶対時間と呼んでいる。ある瞬間における時刻は、すべての物体に共通している。

【相対性理論】
　各物体は、それぞれ独自の時間を1つだけ持っている。これを固有時間と呼んでいる。異なる固有時間を2つ以上持つ物体は存在しない。よって、この宇宙には物体の数だけ時間が存在している。

　ここで、1個のリンゴを半分に切り分けます。このとき、切る前も切った後も物体であり、物体の数は1個から2個

第9幕　アインシュタインと遊ぶ　317

に増えました。この半分を地上に残しておき、残り半分を
高速度で宇宙旅行させます。そして、宇宙旅行から帰って
来たときのリンゴの時刻を調べます。相対性理論による計
算では、地球に残したリンゴよりも、宇宙から帰ってきた
リンゴの時刻のほうが遅れています。

　そこで、この２つの半リンゴをくっつけて再び１個のリ
ンゴに戻します。もし、相対性理論が正しければ、このリ
ンゴは１個の物体に戻ったにもかかわらず、２つの異なっ
た時刻を持っています。これは「物体の時刻は１つである」
という相対性理論の本来の仮定 ―― 物体には、それ独自
の固有の時間が１つだけある ―― に反しています。

「これは、相対性理論から出てくる論理パラドックスじゃ
ないの？」
「それは、双子のパラドックスと同じだ。すでにとっくの
昔に解決済みである」
　またもや、アインシュタインに軽くいなされました。

◆　検証

「ヒデ先生は検証に関しても疑問を持っていたわ」
「どんな疑問じゃ？」

「相対性理論には落とし穴があるって」

「それはそれは、ぜひ、その穴を聞きたいな」

　アインシュタインは自信を持って聞こうとしています。

　【相対性理論の落とし穴】

　相対性理論が正しければ、ある現象が起こるはずである。（予測）

　その現象が本当に起こるかどうか、観測や実験によって確かめる。（確認）

　その現象が現実に確認されたら、相対性理論は正しい。（結論）

「このどこが落とし穴なのじゃ？　まったく正しいではないか」

　アインシュタインは自然界に対して次のような考え方を持っています。

　物理理論と自然界で起こっている現象が合えば、その理論は正しい。

「物理理論がある現象を予測し、その現象が実際に確認されたら、つまり、比較作業が行なわれて理論値と測定値が近いと判断されたら、その物理理論は正しいという考え方ね」

第9幕　アインシュタインと遊ぶ　319

「そのとおり。この考え方にしたがって行なう観測や実験を検証あるいは実証と呼んでおるんじゃ」

「なるほど。検証の内容を具体的に言うと、理論値と測定値の比較作業です。すると、検証の論理構造は以下のようなものになります」

【検証の論理構造】

　PならばQのはずである。Qであることがわかった。したがって、Pである。

　P：相対性理論が正しい。
　Q：相対性理論の予測した現象が起こる。

この検証を論理式で書くと、次のようになります。

$$((P \rightarrow Q) \wedge Q) \rightarrow P$$

「これを論理学では後件肯定式と呼んでいます。具体的には『相対性理論が正しければ、太陽の周囲で光は曲がるはずである。観測の結果、太陽の周囲で光が曲がることがわかった。したがって、相対性理論が正しい』というような論理展開のことです」

「エディントンらの日食観測のことを言っているな。この観測によって、わが相対性理論が正しいことが世界中にわ

かってもらえた」

「これがトートロジーすなわち恒真命題であれば、検証は常に正しいことになります。では、真理表を作成してみましょう」

P	Q	$((P \rightarrow Q) \wedge Q) \rightarrow P$
1	1	1
1	0	1
0	1	0
0	0	1

「この真理表から、後件肯定式はトートロジーではないことがわかります」

「なぜじゃ？」

「3行目の後件肯定式が0（すなわち、偽）になっています。1行目から4行目まですべて1ならばトートロジーですが、1個でも0ならばトートロジーではありません。つまり、後件肯定式は常に正しいとは限りません」

「どういうことじゃ？」

「太陽の周囲で光が曲がった原因は、他にもあるかもしれないということよ」

「ふ〜ん。そんなもんかなあ」

「そんなもんだよ〜」

「しかし、残念なことに物理学で行われている理論の検証

は、すべてこの後件肯定式を使っています。さらにいくつかの例をあげてみます」

　ジェット機に原子時計を搭載してそのジェット機を飛ばした場合、相対性理論が正しければ、搭載された原子時計の時刻がずれるはずである。実際に実験したところ、相対性理論の予測どおりに原子時計の時刻がずれた。だから相対性理論は正しい。

「これは、一見正しそうに見えるけれども、後件肯定式ゆえに間違った論理展開です。ビッグバン理論の検証も同じ過ちをしています」

　ビッグバン理論が正しければ宇宙背景放射が観測されるはずである。実際に観測をしたところ、宇宙背景放射が確認された。だからビッグバン理論は正しい。

「これも典型的な論理ミスです。私たちは後件肯定式が正しくないことを再認識し、今までの観測や実験をすべて調べ直す必要があります」
「そんなに大人をいじめるではない。子どもたちは相対性理論に深入りしないで、その辺で遊んでいなさい」
「は〜い」
　コウちんは素直に遊び始めました。ちょうど、近くに棒

が落ちていたので、その周りをミーたんと一緒にくるくる
と回り始めました。
「おじさんもおいでよ。楽しいよ。一緒に遊ぼうよ」

◆　太陽の変形

　アインシュタインも仲間に入って、走りながら相対性理
論の効果を説明しています。
「1本の棒が落ちているとする。その近くをわしらが走る
と、その棒が短くなる」
「え？」
「驚くことはない。これこそが、相対性理論から出てくる
結論である」
　走りながらコウちんが質問をします。
「なんかおかしいなあ。物体が変形するためには、その物
体に力を加えなければならないでしょう？　相対性理論で
はそのような力が働かなくても、物体が変形するの〜？」
「そうだ」
「観測者が走ると、離れている物体が変形する…手で触れ
ないで物体を短くできる…超能力なのかしら？」
　ミーたんも疑問を感じています。
「相対性理論は、物体を短くするのにエネルギーを必要と
しない夢の理論なんだよ」

第9幕　アインシュタインと遊ぶ　323

「遠くに離れていても、物体が短くなるの〜？」

「その通り。物体までの距離には関係ない。何千キロも何万キロも離れていようと、観測者が動くと見ている物体が縮むのだ」

「でも、ニュートン力学によると、力を加えられない限り物体は縮まないよ〜」

「だから、ニュートン力学は不便なのだ。物体を縮めるのにエネルギーを必要とする理論など時代遅れである」

「じゃあ、地球も縮むの？」

「はあ？」

「僕たちが走ると地球も縮むんだね？」

　ミーたんも感心しています。

「地球を縮めるなんて、ものすごい力だわ。太陽も縮むの？　あの高温の太陽を縮めるのに、ただ単に私たちが走るだけでいいなんて、やけどもしないですごいことができるわね」

「ね〜、今度は別の走り方をしてみようよ〜」

◆　断面積

　3人は、今度は棒に平行に走り出しました。

「でも、断面積はどうなの？」

「どういうことだ？」

「棒と平行に走ると、相対性理論によれば走っている方向だけ棒が短くなるのでしょう？　つまり、棒を円柱とすると、円柱の高さが低くなるよね～」

「そうだ」

「実際の棒に力を加えて短くすると、普通の棒は体積を保持するため、断面積が増えるでしょう？　横方向にひろがるんじゃないの？」

「いいや、相対性理論は特別じゃ。わしの相対性理論によれば、棒の断面積はまったく変化しない」

「そのような縮み方は物理学的にあり得ないわよ」

　ここで、ミーたんはヒデ先生から聞いたことをアインシュタインに伝えました。

　数学的に座標変換をすれば、線分の長さを１／１００に縮めることができます。それも、一瞬でできます。しかし、物理学では線分は実在せず、その代わりに断面積を持った円柱が存在します。いわゆる棒状の物体です。

　この棒の長さを、断面積をまったく変えずに１／１００にまで縮めることはできません。しかし、相対性理論では『断面積をまったく変えずに、棒の長さが縮む』と述べています。

　断面積をまったく変えずに、１メートルの棒を１センチメートルまで縮めるのに、いったいどれだけのエネルギーが必要でしょうか？

第９幕　アインシュタインと遊ぶ　325

線分を縮めるのは数学では座標変換すなわち関数です。しかし、棒を縮めるのは物理学では力でありエネルギーです。縮める理由が、数学と物理学ではまったく違います。

　これを聞いていたアインシュタインは、走りながら少し考え直し始めました。そして、言いました。
「確かに、相対性理論では観測者の速度に応じて物体が縮むが、実在する物体は縮んではない。縮んでいるように見えるだけだ」
「すると、見かけ上の短縮なの？」
「そうだ」
「じゃあ、物体の質量増加も見かけ上であって、実際に存在してる物体は重くなっていないのね？」
「もちろん、そうだ」
「じゃあ、時間の遅れも見かけ上であって、実際の時間は遅れていないんだ」
「もちのろんだ」
「じゃあ、時計の時刻の遅れも見かけ上であって、実際の時計の時刻は遅れていないんだね？」
「そうだよ」
　３人は疲れて立ち止まり、ハアハア言っています。
「こうやって、物体が停止すると、すべてが元に戻るのね。まるで夢から覚めたように…」
「そう、運動が停止した後は、何も世界は変わっていない」

326

アインシュタインは相当疲れたようです。

「少し、休もう…」

「そうすると、相対性理論は『実際には何も変化していない物体が、見かけ上は変化しているように観測される』と主張する理論なのね？」

「そういうことになるかなあ」

「すると、相対性理論が正しければ『観測結果は信用できない』ということになるのね？」

「う～ん」

「そしたら、相対性理論が正しいことを観測で確かめるという行為が無意味になるよ～」

　子どもたちは発想が型破りです。

◆　空間が縮む

　子どもたちの疑問はさらに膨らみました。

「じゃあ、本当は短くなっていない物体は、観測者が動くとどうして短く観測されるの？」

「それは、相対性理論が正しいからだ」

「何か納得できないなあ。どうして、物体が短く見えるの？　光の屈折なの？」

　アインシュタインは困ってしまい、実際の物体が縮んでいないのに、縮んで見える理由を探し始めました。

第9幕　アインシュタインと遊ぶ　327

「実際には縮んでいない物体が縮んで観測される理由はだな…それは…そのう…そうじゃ…空間が縮むからじゃよ。実際の物体は縮んでいないが、空間が縮むから物体も縮んで観測されるのじゃ」

「どうして、空間が縮むの？」

「それは相対性理論が正しいからじゃ」

　どうやら、論理が堂々巡りになってしまったようです。

「とにかく、空間が半分に縮めば、その中に存在している物体も半分に縮む。空間が１／10に縮めば、その中にある物体も１／10まで縮む」

「じゃあ、空間が１／２に縮んだのに、その中にある物体が１／３に縮むことはないんだね」

　アインシュタインは怒って答えました。

「絶対にない‼」

　そのとき、近くの競技場で６人の選手が100メートルのリレー走をしようとしています。３人は興味を持ったので、彼らの走りっぷりを見よう、そこまで走って行きました。

「よ〜い、ど〜ん」

　６人は同時にスタート地点を飛び出し、すごいスピードで走っています。しかし、足の速い人もいれば遅い人もいて、６人の選手はそれぞれ速さが違います。アインシュタインは言いました。

「彼らのスピードくらいでは、光速度よりもずっと遅いから肉眼では縮んでは見えない。しかし、実際には相対性理論の式にしたがって、彼らの走っている空間も縮んでいるのじゃ」

「すると、6レーンでそれぞれ別個の空間が縮んでいるんだね。僕たちの見ている空間を入れると、7個の空間があることになるね〜」

「そうだ」

「僕たちが今こうやってとどまっている空間は縮んでいないよね。でも、6本のレーンがそれぞれ違った縮みぐあいであるなら、お互いの空間の境はどうなるの?」

「そうね。おじさんの相対性理論正しければ、6本のレーン上にそれぞれ異なった縮み方をしている6本の空間が並行して存在していることになるわ」

「そうじゃ」

「じゃあ、第3レーンの中で蝶々がひらひら飛んでいたら、その蝶々の空間も縮み方が異なるから、空間が1つ増えるね」

「しまった…」

「結局、物体の数だけ空間が存在し、それぞれの異なる縮み方をしていることになるよ〜」

　空間の縮みを提案したアインシュタインも次第に混乱してきました。そして、固有時間にヒントを得て固有空間を思いつきました。

第9幕　アインシュタインと遊ぶ　329

「わしの相対性理論によれば、物体ごとに固有空間が存在し、それぞれの空間は縮み方が異なっておる」

　そのとき、走者は次の走者にバトンパスをしようとしています。

「バトンを渡そうとしている走者（速い走者）の空間は縮みが大きいよね？　そして、今走り出した次の走者（遅い走者）の空間の縮みは少ないよね？　じゃあ、２人の異なった縮み方をしている空間の境はどうなっているの？」

「もちろん、手とバトンの間に異なった空間の境があるはずだ」

「じゃあ、空間同士は接しているの〜？　少しも隙間はないの？　バトンを渡した瞬間は、手とバトンの接点が空間の境界面だよね〜？」

　あまりにも質問の多さに、アインシュタインもうんざりし始めました。

「隣同士の空間との間には境も裂け目もない。そうだ。さっきの話は撤回しよう。６本の並行している空間はお互いにダブっているのだ。空間同士の接触はこれで回避される」

「じゃあ、第３レーンを走っている選手は、第４レーンの空間でも走っているんだ。すると、選手の縮み方と空間の縮み方が違うことになるね〜」

◆ 時刻の一意性

　子どもたちの話が込み入ってきたので、このへんで話題を変えて一休みしましょう。

　時計は時刻を表示する器械です。ここで、時計Xと時計Yを比較します。Xの時刻がYの時刻よりも1時間遅れているならば、Yの時刻はXの時刻よりも1時間進んでいます。ここで、次のような2つの事象AとBを考えます。

　事象A：Xの時刻はYの時刻よりも1時間遅れている。
　事象B：Yの時刻はXの時刻よりも1時間進んでいる。

　事象Aと事象Bは命題としては同値です。なぜならば、同じことを言っているからです。

　事象A＝事象B

　これを分かりやすく図にしてみます。右に行くほど、時刻の値が大きくなります。

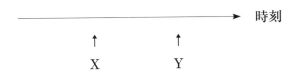

第9幕　アインシュタインと遊ぶ

これより、AからBが結論され、BからAも結論されます。これが時刻に関する事象の一意性です。

　ところが、現象ではこの一意性がなくなります。具体的に言うと「Xが観測したYの時刻が1時間遅れているならば、Yが観測したXの時計は1時間進んでいる」とは言えないことがあります。

　現象A：Xの時刻はYの時刻よりも1時間遅れている。
　現象B：Yの時刻はXの時刻よりも1時間進んでいる。

　現象A ≠ 現象B

　たとえば、2つの時計が同時刻であっても、お互いの距離が1光年離れていれば、相手の時刻を読み取るまで1年かかります。その結果、両者ともに「相手の時刻は自分よりも1年遅れている」となります。このように、事象と現象は乖離します。

　また、光速度不変の原理に依存している相対性理論では、お互いに等速運動している物体は、お互いが相手の時刻が同じように遅れていると観測されます。

　観測結果のことを私たちは現象と呼んでいます。このよ

うに、事象ではなく現象を扱うようになると、物理学にとって大切な**事象の一意性が喪失する**ことがあります。これより、次なる結論が出てきます。

事象には一意性がある。しかし、現象には必ずしも一意性があるとは言えない。

事象からなる世界が「事実の世界」であり、現象からなる世界が「現実の世界」です。これより、次なる結論も出てきます。

事実は１つであるが、それを認識した結果としての現実は１つであるとは言えない。

物理学では、事象（もののあり方）と現象（ものの見え方）は異なります。これによって「事象の同時性」と「現象の同時性」も異なります。

事象Ａは観測者にとっては、現象Ａ′として観測されます。事象Ｂは観測者にとっては、現象Ｂ′として観測されます。

このとき、事象Ａと事象Ｂが同時に起こっていても、観測者が観測した現象Ａ′と現象Ｂ′は同時に起こっていないように見えることがあります。また、その逆もあり得ます。

第9幕　アインシュタインと遊ぶ　333

◆ 事象の同一性

　歴史の話題でもう一休みします。

　本能寺の変で「織田信長が明智光秀に殺された」というのは1つの事件です。「明智光秀が織田信長を殺した」というのも1つの事件です。この2つの事件は受動態と能動態で書かれた「本質的には同じ事件」です。

　事件A：織田信長が明智光秀に殺された。
　事件B：明智光秀が織田信長を殺した。

　このとき、事件Aと事件Bは同時に起こっています。

　本質的には同じ事件は、いつも同時に起こっている。

　次は、物体同士の衝突について考えます。私たちの日常生活の中では、衝突は頻繁に起きています。手を叩く、道を歩く、握手をする、キーボードを打つなどは、すべて物体同士の衝突です。

「物体Xと物体Yが衝突する」という事象は1つの事象ですが、この場合の主語は「物体Xと物体Y」という複数です。この複数を単数に直してみます。つまり、この事象を「物体Xが物体Yに衝突する」と「物体Yが物体Xに衝突する」と2つに分けます。2つに分けたからと言って、実

際の事象が変化したわけではありません。

　事象Ａ：物体Ｘが物体Ｙに衝突する。
　事象Ｂ：物体Ｙが物体Ｘに衝突する。

　このとき、事象Ａと事象Ｂは、本質的に同じ事象であり、それゆえにまったく同じ場所で、まったく同じ時刻に起きています。これを事象の同一性と呼ぶことにします。

　物理学に事象の同一性を取り入れると、双子のパラドックスにおいて「兄が弟に再会する」という事象と「弟が兄に再会する」という事象もまったく同時に起きています。つまり、別れた兄と弟が再会するとき、年齢差はまったく生じません。
　しかし、相対性理論による計算では、宇宙空間に飛び立った兄のほうが地上に残った弟がより若いという結果を出しています。これより、私たちは「事象の同一性が間違っているのか？　それとも、相対性理論が間違っているのか？」という判断に迫られます。
　事象の同一性は、物理学とってはごく当たり前のことであり、とても否定することはできません。ということは、否定されるのは相対性理論のほうです。

第９幕　アインシュタインと遊ぶ　335

◆ 2回の衝突

　ここで、基本的な命題を2つ設定します。

　【場所に関する基本的な命題】
　2つの物体AとBが衝突したとき、両者は同じ位置にある。（空間座標が同じである）

　【時間に関する基本的な命題】
　2つの物体AとBが衝突したとき、両者は同じ時刻である。（時間座標が同じである）

　ここで、AとBが2回衝突したとします。1回目の衝突のとき、AもBも同じ時刻で衝突します。その後、AとBはいったん別れ、別々に運動します。そして、2回目の衝突をします。このときも、AもBも同じ時刻で衝突します。
　AにとってもBにとっても、衝突時刻はいつも同じです。そして、衝突時刻がいつも同じならば、その間に経過した時間もいつも同じです。
　これより、宇宙空間に存在している任意の2つの物体は、何度ぶつかっても、ぶつかるたびに同じ時刻です。ぶつかる前までのAの運動状態やBの運動状態はまったく関係ありません。
　宇宙内に存在している任意の2物体の時間経過が常に同

じならば、これによって絶対時間の正しさが証明されたことになります。

第10幕

ゲーデルとの食事

◆　バイオリン

　3人は論理的な話をして疲れたので、もとのベンチに戻って座りました。

「君たちにバイオリンを聞かせてあげよう」

　場を和ませようとしたアインシュタインは、足元に置いてあったケースからバイオリンを取り出しました。そして、とてもきれいな音色で奏で始めました。木々の枝に止まっていた小鳥たちもうっとりとした表情で聞いています。犬や猫も近寄ってきました。そして、ある男性も近づいてきました。

「いいね〜」

　その男性は、自分と同じくらいの重さがある大きな書類カバンを抱えています。まるで、弁護士のような感じです。

「やあ、ゲーデル君」

　アインシュタインは声をかけました。

「アインシュタイン先生。こんにちは」

「今日は顔色が良いね」

「今日はね。でも、あまり外に出たくないんだ」

「食事はちゃんと取っているかい？　朝は何を食べた？」

「卵1個を食べて、紅茶を少し飲んだだけ」

「それだけ？」

「ミルクを少し飲んだかな」

　ニコリともせずに答えました。

340

「お昼は？」

「まだだけど、さや豆を少し食べようかと…」

「夕食は何をとるつもりだい？」

「何も」

「もう少し食べなきゃなあ。あ、ところで君に子どもたちを紹介しよう。ミーたんとコウちんだ」

「よろしくお願いします」

「こちらはゲーデル君だ。われわれは毎日のように一緒に散歩をしながら議論をしているんだ。これがまた、楽しみなんだなあ」

　ゲーデルはどうやら、書類カバンを抱えながら散歩をするみたいです。子どもたちはゲーデルと握手しながら、顔色一つ変えない表情に威圧感を受けました。そんな様子を察したアインシュタインは、場を和ませる話題に変えました。

「わしとゲーデル君はほとんど性格が正反対だ。だが、どういうわけか、実によく気が合っているんだよ。お互いに大の親友さ」

「へ～」

　でも、彼は異様に痩せていました。それを見たコウちんは心配して、アインシュタインと同じことを言いました。

「もっと食べて太ろうよ～」

「そうだよ。確か、去年だったな。君は十二指腸潰瘍で数日間、危篤状態になったじゃないか。点滴や輸血を嫌がる

ならば、もっと食べなきゃだめだ。わしみたいに、少しお腹が出ているほうが良いぞ。君のお兄さんは放射線科医だろう？　お兄さんのアドバイスにしたがって、無理なダイエットは止めたらどうかね？　これは命にかかわる問題だぞ」

「ありがとう。でも、これはダイエットではない。痩せたいという気持ちはそんなにないんだ」

　そのとき、コウちんのお腹がク～ッと鳴りました。

「お腹がすいたよ～」

「も～、さっきヒルベルト先生と一緒に食べたばかりでしょう」

「そういえば、おねえたん。お弁当がＵＦＯにあるから取りに行こう」

「ＵＦＯ？」

　ゲーデルには聞きなれない言葉でした。子どもたちは素早く走り出し、先ほどの傷だらけの木の裏に隠れました。ゲーデルは大声で聞きました。

「木の陰に何かあるのか～い？」

「何もないよ～」

　そして、何やらごそごそしていたかと思うと、お弁当箱を４つ持ってきました。まるでマジックです。ゲーデルはびっくりしています。

「さあ、おじさんも食べよう」

　再びベンチに腰かけて、４人はそれぞれハンカチを取り

出し、膝の上に置きました。そして、みんなでお弁当を仲良く食べ始めました。

「ゲーデル君は数学者だ。専門は数学基礎論だよ」

　突然、ゲーデルおじさんは立ち上がって叫びました。

「今や、集合論だ！」

　アインシュタインは困った顔をしています。

「まあ、ゲーデル君、座んなさい。集合論を世界中に普及させたい君の気持もわからんではないが…君は今年からほとんど学会にも出席せず、公務のセミナーも主催することもない。新たな論文を発表することもないが、どうしているのかな」

　ゲーデルの研究室は、常にカーテンが固く閉じられていました。

「ひたすら考えています」

　アインシュタインは、それ以上は聞くことができませんでした。自分の研究も、このプリンストン高等研究所ではそれほど進展していないことを感じていたのでしょう。

「考えることはいいことだ。そのまま考えていれば、来年には君は教授になれるだろう」

「教授にはなりたくない」

「それがいかんのじゃ。なりたいという強い気持ちを持って、周囲にアピールしなければだめじゃ」

　ゲーデルを教授に昇格させるために、アインシュタインはいろいろと努力をしています。それでも、ゲーデルはあ

まり乗り気ではないようです。アインシュタインはまるで
予言者のように言い放ち、ゲーデルを鼓舞しました。
「君は、来年には絶対に教授になれる！」

◆　ゲーデル解

「それよりも、いっぱい食べて」
　ゲーデルの食が細いのを心配して、子どもたちは再び言
いました。
「ありがとう。でも、あまり食欲がないんだ」
「そんなことじゃ、だめ」
　コウちんはゲーデルに無理やり食べさせようとしていま
す。あまりにもしつこいコウちんにゲーデルは根負けし、よ
うやく食べ始めました。アインシュタインはむしゃむしゃ
食べています。
「こりゃ、うまい。から揚げとカレーがおいしいぞ」
　アインシュタインにつられて食べ始めたゲーデルも、そ
のスピードが増してきておいしいと連発しています。
「食事がこんなにもおいしいものだと知らなかった。もっ
と早く君たちに会っていれば、わしの人生も大きく変わっ
ていただろう」

　物理学では、宇宙のあらゆる法則は数式で表現されます。

アインシュタインは、一般相対性理論で重力の謎を解く方程式を作り上げました。これをアインシュタイン方程式と呼んでいます。

　重力の謎を解くとは、この方程式を解くことです。つまり、この方程式を満足させる解を求めることです。

　ゲーデルはアインシュタイン方程式を詳しく研究し、過去と未来がつながっているような面白い解を発見しました。これはゲーデル解と呼ばれています。

「3年前に君が発見したゲーデル解のことだが…」

　アインシュタインはお弁当を食べながら切り出しました。

「もぐもぐ、あの解はいただけない」

　ゲーデルはアインシュタインの70才の誕生日にこのゲーデル解をプレゼントしました。しかし、この解は非常に奇妙な性質を示したために、アインシュタインは自分の作った方程式に疑問を持つようになりました。

「どこがですか？」

「過去と未来がくっついてしまって、時間旅行が理論的に可能になってしまうことじゃよ」

「タイムマシンを製造できることですね？」

「そうじゃ、タイムマシンは物理的に不可能なはずじゃ」

「いいえ、アインシュタイン先生。そもそも一般相対性理論では時間がゆがむのです」

「そうだ、それがどうしたかな？」

「時間がゆがめば、過去と未来がくっつくでしょう。ニュ

第10幕　ゲーデルとの食事　345

ートン力学では時間がゆがまないから、過去と未来がくっつくことはありません。しかし、一般相対性理論を仮定したら、タイムトラベルは理論的にあり得ます」

「なるほど」

　ゲーデルはアインシュタイン方程式の解に関しては実に雄弁となります。そのときアインシュタインは何かを思いついたらしく、食事を中断して突然ノートを取り出し、万年筆で難しい式を書き始めました。どうやら、自分の作ったアインシュタイン方程式を解いているようです。でも、作った本人でも解くのがなかなか難しそうです。

「う〜む。ゲーデル君、君はわしの作った方程式がよく解けたな」

「方程式を解くのは数学者の得意技ですよ。アインシュタイン先生は、どんな解を見つけたのですか？」

「今、探しているところじゃ。君のゲーデル解みたいに、わしもこの方程式を解いて、アインシュタイン解と名前をつけて歴史に残したいのじゃがのう。何とか、自分で作った方程式を解いてみたい」

「期待していますよ」

　すでにアインシュタイン方程式を解いて解を出したゲーデルは余裕しゃくしゃくです。

◆ コモンルーム

　4人は食べ終わりました。
「そろそろ、午後3時だ。食後はデザートが欲しいわね」
「じゃあ、コモンルームに行ってみよう。みんな集まって
いるかもしれない」
　プリンストン高等研究所では、午後3時にはコモンルー
ムにみんなが集まって、紅茶を飲みながらおしゃべりをす
る習慣があります。数学や物理学や経済学や歴史学などの
専門を問わず、研究者たちが集まって最新の研究成果を語
り合います。
「君たちもおいで。ケーキがあるよ」
　2人はホイホイついて行きました。中に入って行くと、
みんなはワイワイガヤガヤ話し合っています。
「こんにちは〜」
　4人を見たみんなは、いっせいに静かになりました。そ
して、アインシュタインとゲーデルのまわりに人だかりが
できました。
「アインシュタイン方程式はどれだけ解けた？」
「連続体仮説はどうなった？」
　矢継ぎ早に質問の嵐が襲ってきました。アインシュタイ
ンとゲーデルにとっては、煩わしい問いでした。
「この子たちは誰だい？」
「未来からやってきた子どもたちだ。未来と現在がくっつ

第10幕　ゲーデルとの食事　347

いたんだ。これで、わしの相対性理論が正しいことが実証
された」

「すごい！　みんな、来いやー。宇宙人が２匹いるぞ」

　ミーたんとコウちんの周りにも黒山の人だかりができま
した。

◆　フィールズ賞の授与ミス

「宇宙人は連続体仮説をどう扱っているんだい？」

　今度はミーたんとコウちんに質問の矢が飛んできました。

「ガワナメ星では、ヒデ先生が連続体仮説を解いたわよ。
地球の解き方を参考にしてね」

「どうやって？」

「まずは、Ａ，Ｂ，Ｃを次のように置きます」

　Ａ：ＺＦ集合論は無矛盾である。
　Ｂ：ＺＦ集合論に連続体仮説を加えても無矛盾である。
　Ｃ：ＺＦ集合論に連続体仮説の否定を加えても無矛盾で
　　　ある。

「ゲーデル先生が証明したのはＡ→Ｂです。コーエン先生
が証明したのはＡ→Ｃです。ところが、この２つの論理式
は、ＺＦ集合論が矛盾していればともに成り立ちます。こ

348

れは、次なる真理表を書いてみればわかります」

A	B	C	A→B	A→C
1	1	1	1	1
1	1	0	1	0
1	0	1	0	1
1	0	0	0	0
0	1	1	1	1
0	1	0	1	1
0	0	1	1	1
0	0	0	1	1

「Aが偽（0）のときには、必ず、A→BとA→Cは真（1）になっています。つまり、ＺＦ集合論が矛盾していれば、『ＺＦ集合論が無矛盾であれば、ＺＦ集合論に連続体仮説を加えても無矛盾である』と『ＺＦ集合論が無矛盾であれば、ＺＦ集合論に連続体仮説の否定を加えても無矛盾である』は両方とも真になります」

「フーム」

「逆に考えると、A→BとA→Cが証明されたということは、¬A（すなわち、『ＺＦ集合論が矛盾している』こと）がほぼ証明されたと考えても良いことになります」

「ということは、コーエンがフィールズ賞を受賞したことに対して、君たち宇宙人は異議を唱えるというのだな」

第10幕　ゲーデルとの食事　349

「そうです。これはフィールズ賞の授与ミスです」

「何と…そんな恐ろしいことがよく言えるな！」

「と、ヒデ先生が言っていたわ。連続体仮説の解決が私たちにとって心から満足できる内容でなかったのは、そもそもＺＦ集合論が矛盾していたからです」

「は～～」

　長いため息をついたゲーデルは、明らかに落胆しているようです。

「フィールズ賞が間違って授与されたとは…君たちはいったい何者だ？」

「ガワナメ星人です」

「帰りなさい」

　アインシュタインが険しい顔で言いました。

「ここは君たちの来るところではない。ただちに、君たちの星に帰りなさい」

「え～」

「地球はわしの相対性理論と、わしの親友であるゲーデル君の不完全性定理で平和な世の中になっている。わしらは間違いなく地球の数学と物理学の平和を築き上げたのだ。君たちは、地球の平和を乱すためにやって来たわけではないだろう？」

「時間と空間のゆがみに巻き込まれただけです」

「そうだろう。それはわしの相対性理論が正しかったということだ」

横からゲーデルが割り込みをしました。

「そして、ゲーデル解も正しかったということだ」

「そうだ。そもそも、ニュートン力学には時間と空間のゆがみなどおこるはずもなく、ニュートン力学が正しければ君たちはこの地球に来ることなどできなかったはずだ」

「確かに、言われてみればその通りね。コウちん、帰りましょう」

「いやだ。僕はおじさんたちと一緒に、もっと遊ぶんだ〜い」

　この言葉を聞いて数学界と物理学界の巨星はニンマリしました。

「いいよ〜。もっと遊ぼう〜」

「わ〜い！　やった〜！」

　2人のおじさんに言われたコウちんは大喜びです。ゲーデルもアインシュタインも子どもが大好きなようです。コモンルームはこの若い2人によって再び活気に包まれています。

◆　連続体仮説の解答

　でもゲーデルはまだ納得できません。騒がしい中で、ミーたんに盛んに聞いてきます。

「もっと、詳しく説明してくれたまえ」

第10幕　ゲーデルとの食事　351

ミーたんも一生懸命に答えています。

「いいわよ。次のようにＡ，Ｂ，Ｃ，Ｄ，Ｅを設定して、これらが命題であると仮定します。ＺＦとはＺＦ集合論のことです。ＣＨとは連続体仮説です」

　Ａ：ＣＨは命題である。
　Ｂ：ＺＦは無矛盾である。
　Ｃ：ＺＦ＋ＣＨは無矛盾である。
　Ｄ：ＺＦ＋￢ＣＨは無矛盾である。
　Ｅ：ＣＨはＺＦから独立している。

「まず、命題Ａは真である（連続体仮説ＣＨが命題である）と仮定します。ＣＨが命題ならば、それは真か偽かのどちらかです」

　ゲーデルは１つ１つチェックして、少しでも疑問があれば証明を止めようとしています。

「それは違う。命題が真と偽に分けられるということはまだ証明されていない」

　ミーたんは、このゲーデルの言葉を無視することに決めました。なぜならば、ミーたんにとっては命題を設定した時点で、その真偽がすでに決定しているからです。

「次に、ＣＨが真の命題であると仮定します。すると、￢ＣＨは偽の命題になります。このとき、ＺＦ＋ＣＨとＺＦ＋￢ＣＨのうち後者が偽の命題を理論の仮定として持って

いるので、後者は矛盾しています。したがって、ＺＦ＋Ｃ
ＨとＺＦ＋￢ＣＨが両者ともに無矛盾ということはあり得
ません」

「わしを無視しおって…」

「さらに、ＣＨが偽の命題であると仮定します。このとき、
ＺＦ＋ＣＨとＺＦ＋￢ＣＨのうち前者が偽の命題を理論の
仮定として持っていますから、前者は矛盾しています。し
たがって、ＺＦ＋ＣＨとＺＦ＋￢ＣＨが両者ともに無矛盾
ということはあり得ません」

「フムフム」

　しかし、意外にゲーデルは素直に聞き始めました。

「以上より、連続体仮説が命題であるならばＺＦ＋ＣＨと
ＺＦ＋￢ＣＨが両方とも無矛盾ということはあり得ません。
つまり、次なる論理式は真です」

$$A \rightarrow \neg (C \land D)$$

「よって、この対偶も真です」

$$(C \land D) \rightarrow \neg A$$

「つまり、ＺＦ＋ＣＨとＺＦ＋￢ＣＨが両者ともに無矛盾
ならば、連続体仮説は命題ではありません」

　ゲーデルの顔はにわかに険しくなりました。

第10幕　ゲーデルとの食事　353

「一方、Ｂ→ＣとＢ→Ｄは証明されています」
「それはわしの証明とコーエンなる男の証明ではないか！」
「そうです。両者の証明がともに正しいと仮定すれば、両者の論理積としての次なる論理式も真になります」

（Ｂ→Ｃ）∧（Ｂ→Ｄ）

「これを変形します」

（Ｂ→Ｃ）∧（Ｂ→Ｄ）
≡（￢Ｂ∨Ｃ）∧（￢Ｂ∨Ｄ）
≡￢Ｂ∨（Ｃ∧Ｄ）
≡Ｂ→（Ｃ∧Ｄ）

「よって、Ｂ→（Ｃ∧Ｄ）も真です」
　ゲーデルの眼つきが今まで以上に険しいものになりました。
「これより、このＢ→（Ｃ∧Ｄ）と先ほどの（Ｃ∧Ｄ）→￢Ａとはともに真になります。この２つに三段論法を用いれば、論理式Ｂ→￢Ａが得られます」
　ゲーデルは突然、頭をかきむしり始めました。
「論理式Ｂ→￢Ａは次のような意味を持っています」

**　ＺＦ集合論が無矛盾であるならば、連続体仮説は命題で**

はない。

　ゲーデルの顔からは汗がほとばしっています。
「ＺＦ集合論が無矛盾であるならば、連続体仮説は命題で
はないのか…」
　今までまったく経験したことのない解答に直面して、ゲー
デルは盛んに髪の毛をかきむしっています。その手には
抜けた髪の毛がごっそりついています。
「聞くんじゃなかった…聞くんじゃなかった…」
　ゲーデルは頭を抱えて座り込み、つぶやいています。

◆　ＺＦ集合論が無矛盾ならば

　ここでは、選択公理や連続体仮説を含む一般的な命題Ｐ
について、広く考察をしてみます。もし、ＺＦ集合論が矛
盾していれば、下記の命題は真になります。

　**ＺＦ集合論が無矛盾であれば、ＺＦ集合論にＰを加えた
理論（ＺＦ＋Ｐ）も無矛盾である。**

　これを示すためには、ヒデ先生の注目した論理式が適切
です。まずは、ＸとＹを次のように置きます。

第10幕　ゲーデルとの食事　355

X：ＺＦ集合論は無矛盾である。

Y：ＺＦ集合論にＰを加えた理論は無矛盾である。

このとき、¬X→（X→Y）という命題を考えます。これはヒデの論理式と呼ばれています。まずは真理表を作ってみます。

X	Y	X→Y	¬X→（X→Y）
1	1	1	1
1	0	0	1
0	1	1	1
0	0	1	1

これより、¬X→（X→Y）はトートロジーだから常に真の命題です。

ヒデの論理式は恒真命題（トートロジー）である。

これは、次のような意味を持っています。

ＺＦ集合論が矛盾しているならば、『ＺＦ集合論が無矛盾ならば、ＺＦ集合論にＰを加えた理論も無矛盾である』は真である。

つまり、ＺＦ集合論が矛盾していれば、無矛盾と仮定された ＺＦ集合論にどんな命題Ｐを加えようと無矛盾です。ということは、Ｐの否定を加えても無矛盾であるということになります。以上より、次なる結論が出てきます。

ＺＦ集合論が矛盾しているならば、『ＺＦ集合論が無矛盾ならば、ＺＦ集合論にＰを加えた理論も無矛盾である』も真となり、『ＺＦ集合論が無矛盾ならば、ＺＦ集合論にＰの否定を加えた理論も無矛盾である』も真となる。

◆　理論に命題Ｐを加える

ここで、もう１つの別の発想をしてみます。理論に命題Ｐを加える場合、次の２つがあります。

（１）無矛盾な理論に命題Ｐを加える。
（２）矛盾した理論に命題Ｐを加える。

無矛盾な数学理論Ｚには、命題Ｐを加えるか、または命題￢Ｐを加えた場合、どちらかは矛盾します。なぜならば、命題Ｐと￢Ｐのうち、どちらかは偽の命題だからです。偽の命題を仮定に持つ理論は矛盾しています。これより、次なる命題が成り立ちます。

第10幕　ゲーデルとの食事　357

数学理論Ｚが無矛盾ならば、理論Ｚ＋Ｐと理論Ｚ＋￢Ｐ
ののうち、どちらかは矛盾している。

　一方、初めから矛盾している数学理論Ｚに命題Ｐや命題
￢Ｐを加えた場合、次の論理が成り立ちます。

　数学理論Ｚが無矛盾ならば、理論Ｚ＋Ｐと理論Ｚ＋￢Ｐ
はともに無矛盾である。

◆　公理系の完全性

「ヒデ先生は、公理系の完全性も証明しています」
　このミーたんのこの言葉に、座り込んでいたゲーデルが
立ち上がって、真っ向から反論します。
「そんなことはあり得ない！　わしの不完全性定理が、そ
れを明らかにした！」
「でも、先生の不完全性定理がそもそも不完全な定理では
ないのかしら？　なぜならば、間違っている証明を応用し
ているからです」
「間違っている証明とは何だ？」
「対角線論法です」
「そこまで言うなら、ヒデ先生とやらのやり方で公理系の

358

完全性を証明してみてくれないかな？」

「わかりました」

　ゲーデルのこの要求に答えようと、ミーたんは頑張って
ヒデ先生の講義内容を思い出しています。

「次のような n 個の公理 E_1，E_2，E_3，…，E_n を持つ公
理系 Z を考えます」

　　Z：E_1，E_2，E_3，…，E_n

「公理系 Z には 4 種類の命題が存在します」

（1）公理：E_1，E_2，E_3，…，E_n
　　　（証明不可能な命題）
（2）公理の否定：$\neg E_1$，$\neg E_2$，$\neg E_3$，…，$\neg E_n$
　　　（証明不可能な命題）
（3）定理：T_1，T_2，T_3，T_4，…
　　　（証明可能な命題）
（4）定理の否定：$\neg T_1$，$\neg T_2$，$\neg T_3$，$\neg T_4$，…
　　　（証明不可能な命題）

「これ以外の命題は、Z の命題ではありません」

「そんなのはシロウトの発想だ！」

「そうです。シロウトにも理解できる単純明快な発想です。
公理は定義によって、その他の公理からは証明できません。

第 10 幕　ゲーデルとの食事　359

公理の否定も、偽であるがゆえに真の命題である公理から
は証明できません。したがって、公理も公理の否定もその
公理系内では証明されません。この両者は例外とみなしま
す」

「都合の悪いことは例外で済ますつもりか？」

「公理も公理の否定も例外的な命題です。それを証明する
他の真の命題が存在しないのですから」

「わしは納得できん。公理と定理を無理に分ける必要はな
い」

「そしたら、公理系の基本的な考え方が壊されます」

「いいじゃないか」

　ゲーデルは公理系を壊すつもりでしょうか？　ミーたん
は続けます。

「公理系Ｚに含まれている公理以外の任意の命題Ｐについ
て考えます。Ｐは公理でも公理の否定でもないならば、定
理か定理の否定のどちらかになります。Ｐが定理の場合は、
Ｐが証明されて￢Ｐは証明されません。Ｐが定理の否定の
場合は、Ｐが証明されずに￢Ｐが証明されます。したがっ
て、Ｐか￢Ｐのいずれかが証明され、他方は証明されない
から公理系Ｚは完全です。これより、次なる結論が得られ
ます」

　いかなる公理系も完全である。

「バカな…こんな数ページで終わるような証明が正しいはずがなかろう」

　ゲーデルは再び言いました。

「超簡単すぎる。これはもはや数学ではない」

「いいえ、数学はもともと簡単な証明でできているのよ。だから、宇宙における共通の言語あるいは学問となり得るのだと思うわ。本来は地球の数学とガワナメ星の数学が矛盾していることもあり得ないのよ」

「それはわかっているが…」

「数学は宇宙内に存在している全宇宙人たちが協力して作っていく学問よ。数学に星境はないのよ」

「なんじゃ、その星境とは？」

「国を超えていることを国境がないというでしょう。数学は星を超えた学問よ」

　アインシュタインが口をはさみました。

「そしたら、物理学もそうだ。物理学にも星境はない」

◆　コウちんのイス

　そのとき、カフェでもらったおもちゃのパトカーで遊んでいたコウちんは、それを床に落としました。拾おうとして腰をかがめると、椅子の裏側に名前が書いてあります。

「指定席なのかな？」

そう思って、名前を書いていない椅子を探し出しました。
「これは僕のイス…」
　そして、そこにマジックペンで自分の名前を書こうとしました。
「やめろ〜！」
　周囲の人たちが大慌てで、コウちんを制止しました。アインシュタインとゲーデルは平身低頭で周りの人たちに謝っています。コウちんは何が何やらわからずに、ぽかんと口を開けています。
「ダメでしょ！　勝手に字を書いちゃ」
「は〜い」
「それよりも、長居をしてしまったわ。そろそろ、帰りましょう」
「宇宙人が帰るぞ〜」
　誰かが叫ぶと、みんなが再び寄ってきました。
「君たちの話を聞いて、わしは相対性理論をもう一度考え直してみたくなった」
「わしもだ。不完全性定理を再検討してみよう」
「どうもありがとう」
　アインシュタインやゲーデルと握手して、その後、お互いに手を振り合っています。その他の先生方も宇宙人のお見送りに来てくれました。
「ありがとう」
「さようなら〜」

362

ミーたんもコウちんもバイバイしています。いつまでも振り返っては手を振りながら、やがては見えなくなりました。そして、2人は傷のある木の裏に到着し、透明なＵＦＯに乗り込みました。

「今度は大丈夫かしら？」

「何とかなるよ～」

　子どもたちも、だいぶ操縦に慣れたようです。

第11幕

地球大統領との会見

◆　地球大統領

　ミーたんとコウちんは、ＵＦＯナビに「がうすの神様」
と入力しました。やがて、子どもたちはある屋敷に到着し
ました。

　玄関の前に来てピンポンを押そうとしたとき、そこには
『地球大統領の自宅』という表札が掛かっていることに気
がつきました。

「あれ？　間違えたのかな？」

　すでに、コウちんはピンポンを何度も押しています。

「は〜い」

　中から出てきたのは、アザラシに似た地球人です。どこ
となく、うきゅ〜の神様に似ています。

「わしは地球大統領だが、君たちは誰かな？」

「え？　うきゅ〜の神様のいとこに会いたいのですが…」

「わしがそうだ」

「え、まさか！　いつ大統領になったの？」

　後ろから声が聞こえます。

「誰が来たの？」

　ミーたんとコウちんは大統領の後ろを覗き込みました。
すると、奥の部屋のドアの隙間からいくつもの目がこちら
を見ています。

　そのときです。偶然にもサクくんとヒデ先生を抱えたう
きゅ〜の神様も到着しました。神様同士の面会です。

「やあ、お久しぶり」

「よく来てくれた」

　2匹の神様同士が抱き合って喜んでいます。そのとき、うきゅ～の神様も奥の部屋から覗いている目に気がつきました。

◆　ジツムゲンジャーの正体

「心配ないですよ」

　がうす大統領は手を叩きました。

「みなさん、出て来てください」

　すると、奥の部屋から5人のジツムゲンジャーが出てきました。ヒデ先生はビックリしています。ミーたんとコウちんはとっさにヒデ先生の後ろに隠れました。

「びっくりさせてすみません。では、みなさん、制服を脱いでください」

　5人はジツムゲンジャーの制服を脱ぎ始めました。しかし、体中に巻かれた包帯をグルグルと回して外すので、時間がかかります。最後に、彼らは正体を現しました。

　ジツムゲンレッド、ジツムゲンブルー、ジツムゲンイエローは、それぞれボヤイ隊員、ロバチェフスキー隊長、リーマン博士でした。

　あとの2人はもっと時間がかかっています。がうす大統

領はうながしました。

「恥ずかしがらないで早く脱いで」

「はい」

　2人はようやく包帯をはずすことができました。そして、ジツムゲンホワイトはノイマン司令官であり、ジツムゲンピンクはなんとマユ先生でした。

「あ、よかった」

　ミーたんとコウちんは駆け寄ってみんなと抱き合いました。全員が涙を流しています。

「よかった。会いたかったよ〜。牢屋に入れられていると思っていたんだ」

　ヒデ先生も、もらい泣きをして言いました。

「私も、あなた方に非ユークリッド幾何学が矛盾していることを教えてしまい、返って大きな迷惑をかけてしまったと後悔していました」

「そんなことはない。真実を教えてもらうことは、とてもうれしいことだ。これは、数学を愛する者たちの一致した意見でもある」

　がうす大統領は言いました。

「実は、私はある目的のために宇宙飛行士3人を逮捕したと報道させた。しかし、実際には逮捕せずに、3人には論理戦士として活躍してもらっていたんだ」

「どうしてそんなことをしたのですか？」

がうす大統領は、驚くような事実を語り始めました。

◆　おとり捜査

「ノイマン司令官」
「はい。大統領閣下」
「ある筋から驚くような情報を手に入れた。それは、科学の発展を邪魔する反科学者集団の存在だ。彼らは宇宙における科学の発展をことごとく邪魔しているという噂だ」
「そんな組織があったのですか？」
「ああ。しかも、それは人類の誕生とともに生まれていたという。彼らは科学が大きく発展するときに、必ず登場して科学者を不幸にしてきたらしい」
「恐ろしい組織ですね」
「まったくだ。謎に包まれた宇宙規模の巨大な組織だそうだ。実態ははっきりしていないが、ちまたでは闇の組織と呼ばれている。そのボスが闇の黒幕であり、そいつが雇っているのが闇の処刑人という実動部隊だ」
「なんということでしょう」
「闇の処刑人は、それぞれ担当の惑星を持っており、地球にも１人いるらしい。彼らの寿命は驚くべきことに、数千年と言われている」
　思わず、ノイマン指令官はつぶやきました。

第11幕　地球大統領との会見　369

「うらやましい限りですな」

　がうす大統領は司令官をにらみました。司令官は敬礼してかかとを合わせました。

「そこで、君にはこの闇の処刑人を逮捕してもらいたい。そして、やつから闇の黒幕が誰なのかを聞き出すのだ。そして、この組織の全貌を解明し、撲滅してもらいたい」

「わかりました。必ずや闇の処刑人を取り押さえ、闇の組織を壊滅させます」

「しかし、彼らは人々の生活の中に紛れ込んでいるらしい。普段はごく平凡な生活をして、そうやすやすと人前には本性を現わさないそうだ」

「それでは、探し出すのは難しいですな」

「いや、方法はある。おとり捜査だ。彼らをおびき出してつかまえればよい」

「誰がおとりになるのですか？」

「彼らが出現するのは決まって、科学が大きく発展するときだ。つまり、パラダイムの転換が起こるときだ。だから、パラダイムの転換を起こしそうな人物をおとりにしよう」

「では、ガワナメ星のヒデ先生が最適ですな。彼は地球の数学から実無限を排除して、それをきっかけに数学を根本から変えようとしています。それだけではない。それを足がかりにして、相対性理論を崩壊させ、物理学をも根本から作り変えようとしています」

「それはいい。ではさっそく、ヒデ先生の存在を闇の処刑

人に知らせるがよい。ただし、彼がおとりになることは誰にも内緒だぞ」

「もちろん、わかっています。敵をだますためには、まずは味方からだまさなければなりません。ヒデ先生およびその周辺の人々を完璧にだます必要があります」

◆　地球数学防衛隊の結成

「そのようなおとり捜査は、ぜひ、私にお任せください」

「どうするのだ？」

「地球で行なう数学の試合に彼を出場させます。そして、それを地球人はもちろんのこと、宇宙人全員に見せるのです」

「公開試合か？」

「そうです。まず、われわれは地球数学防衛隊を結成します。そして、彼に論戦を申し込みます」

「ホホ～」

「そして、彼を地球に連れてきて公開試合をさせ、その模様を全宇宙に向けて放映します。地球のどこかにじっと隠れている闇の処刑人もこれを見て、必ずやパラダイムの転換をもくろむヒデ先生の命を狙うはずです。そのとき、現行犯で彼をとりおさえます」

「それはいい考え方だ。さっそく実行に移したまえ」

第11幕　地球大統領との会見　371

「そのためには、地球に戻ってきた３人の宇宙飛行士を貸していただけますか？」

「どうしてだ？　彼らは非ユークリッド幾何学が矛盾していることを証明する重要な仕事を行なって帰ってきた。だから、私は宇宙の大きさと形を調べるという任務を放棄した罪を帳消しにして、英雄として扱うつもりだ」

「その逆のことをしていただきたい。彼らは任務を放棄して非ユークリッド幾何学を否定しようとしている異端者として扱い、拘束してほしいのです。そうすれば、ヒデ先生は彼らを助けるために、公開試合で一生懸命に地球数学の矛盾を証明するでしょう」

「そりゃそうだ」

「そこが闇の処刑人をおびき出す絶好のチャンスです。ただ単に公開試合を申し込んだだけでは、ヒデ先生は本気で応じません。彼に一念奮起させるためには、どうしてもリーマン博士らを拘束する必要があります。そして、それをあらかじめヒデ先生に知らせるのです」

　がうす大統領は腕組みをして考えています。

「ヒデ先生をエサにするのです」

「公開試合でヒデ先生の顔を宇宙中に知らせれば、闇の処刑人はエサに釣られて出てくるというわけだな」

「そうです。うまくおびき出せます」

「わかった。君はとても頭がいいな」

「いいえ、がうす大統領様。あなたにはかないませんよ」

372

「ハハハ」

　お互いに笑って握手をしました。これで、おとり捜査が正式に決まりました。

◆　闇の処刑人

　一方、闇の処刑人は背中にやけどを負って、宇宙空間でふらふらしていました。どうも怪しいとにらんだ宇宙警察官が職務質問をしたところ、時空を超えた殺人者だとわかって緊急逮捕しました。

「大統領閣下、宇宙警察から連絡が入りました。闇の処刑人はすでに拘束されて、牢屋に入れられています。余罪を追及されているところみたいです」

「お前の仕事は何だ？」
「地球における数学と物理学をかき乱すことだ」
「なに？」
「具体的に言うと、正しい数学と正しい物理学の発展を邪魔し、その代わりに、矛盾した数学と矛盾した物理学を広めることである」
「どうしてそんなことをするのだ？」
「俺様はボスの命令を受けてやっているだけだ」
「お前のボスの名前は何だ」

第11幕　地球大統領との会見　373

「闇の黒幕だ」

「それじゃあ、わからんではないか！」

「名前を聞かれたから名前を言っただけだ」

「とぼけるな！　闇の黒幕の正体は誰だ？　正直に言わんと、痛い目にあうぞ」

「とぼけてはいない。これは本当のことなんだ。俺様を信じてくれ！　俺様は単なる実行部隊の一員にすぎない。この宇宙に闇の処刑人はたくさんいる。みんなボスの命令で動いているのだが、そのボスの正体なんて知らないんだ〜」

　闇の処刑人は泣いて嘆願しています。

◆　脱獄

　悪い奴がつかまって、みんなは喜んでいます。

「わーい！　これからは時空を超えた暗殺は起きないよ」

「よかった〜。これで、パラダイムの転換をしても、火あぶりになる人はいなくなるのだね」

「そうだ。数学革命や物理学革命は犯罪ではない。これからは数学や物理学において、真実がのびのびと語られるように私も目を光らせている。数学転覆罪や物理学転覆罪というおかしな法律を違法として破棄するよう、司法界とも交渉している」

　こうして、みんなで固く握手をしました。

「矛盾した数学理論が数学を支配したり、矛盾した物理理論が物理学を支配したりしないようにしよう」

　そのときです。大統領邸と留置所をつなぐホットラインが鳴りました。
「大統領！　大変です。闇の処刑人が逃げました」
「どうした？」
「牢屋に入れたはずなのに、どこにもいません」
「そんなバカな。もっと探せ」
「狭いオリだから何度も探しましたが、どこにもいません」
　ヒデ先生は言いました。
「そういえば、闇の処刑人は４次元生物だから、自分は自由にオリから出られると言っていた」
　そのとき、うきゅ～の神様は言いました。
「やはり。もともと、闇の処刑人は人々の闇の心が具現化されたものだきゅ～。だから、何次元のオリでも自由にすり抜けられる」
「どういうこと？」

◆　闇の黒幕

「闇の黒幕はみんなの心の中に存在しているのだ。それは無意識的な悪意のことだきゅ～。多くの人は安定した生活

を求めている。つまり、急激な変化を求めてはいないんだきゅ～」

「それは、ごく自然なことだよね～」

「だから、急激な変化が起こりそうになったとき、誰でも心の中にキューとブレーキがかかる。それが、変化に対する拒否感として表に出てくるきゅ～」

　コウちんはびっくりしました。

「人々が変化を求めないときには、パラダイムを安定させておく心理作用が働いている。しかし、いずれ間違ったパラダイムは破綻する日がやってくる。パラダイムの転換は瞬間的に起こる悟りのようなものだきゅ～」

「じゃあ、アハ脳なんだ」

「そのとき、人々は安定した心を維持するため『現在のパラダイムが破綻することが１日でも遅れてくれたらいいなあ』と思うようになるのだきゅ～」

「ということは？」

「現在のパラダイムを否定する人がチョコっと憎くなり、彼らに無意識的な攻撃の矢が集団で向けられる。科学の発展を遅らせる因子の１つは、みんなの心の中に存在している闇の黒幕であるのだきゅ～」

「科学を発展させてきた先人たちに数々の不幸が訪れた背景には、このような心のカラクリがあったんだ～」

　みんなはびっくりしています。

「闇の黒幕の正体は、われわれの心の奥底に眠っている邪

悪な心であるきゅ～」

「つまり、闇の処刑人を雇っていたのは、私たち全員だったということ？」

「闇の黒幕の正体は私たちだったの～？　なんてことでしょう。こんな恐ろしいことが私たちの心の中で起こっていたなんて…ショック！」

　闇の黒幕の正体がわかりました。それは、みんなの心の奥底に巣食っている小さな悪意でした。これが集団としてまとまると次第に強くなり、真実を述べようとする人を不幸にするような流れが起こります。一種の集団催眠のようなものでしょうか？　その悪意が具現化したのが闇の処刑人でした。

◆　成熟した心

「人間は、誰でも自分の心の中に邪悪な因子が潜んでいるのだきゅ～。それを真正面から見つめることができれば、それに負けることはない。しかし、自分には邪悪な心が存在していないと思い込むと、知らず知らずにそれに負けてしまう。その結果、人間は無意識的に人の不幸を望むことがあるのだきゅ～」

「他人の不幸は蜜の味だね」

第11幕　地球大統領との会見　377

「そんなことを言うもんではない。しかし、現にそのように
とらえる人もいる。その無意識をいかに意識化できるか
が、心の謎を解く鍵なんだきゅ〜」
「は〜、人間には隠れた一面が誰にもあるのだね」
「邪悪な因子が自分の心に存在していることを自覚すれば
半分はなくなる。邪悪な因子を自分の心からなくそうと決
心すれば全滅させることもできるのだきゅ〜」
　ヒデ先生も説明を加えます。
「パラダイムの否定は社会全体を不安定にさせる。したが
って、人々の心の中には、今の社会を守ろうとする無意識
的な心理が生じる。この心が現在のパラダイムを否定する
人の失敗や不幸を望むようになるのだ」
「へ〜」
「科学者は自分の個人的利益よりも、社会のためになる真
実を優先しなければならない。しかし、それがまた難しい
んだなあ〜」
「そうだね。これからの時代、僕たちは闇の黒幕に負けて
はいけない。闇の処刑人は、闇の黒幕という人間の負の欲
望から生まれたんだ。もう二度と科学史に闇の処刑人が登
場しないように、私たち一人一人が、自分の心に潜む闇の
黒幕を監視して行きましょう」
「そーだ、そーだ」

　コウちんは、不幸を背負って亡くなっていった過去の優

れた科学者たちの運命を改めて思い起こしました。

「悪いことをしたなあ～」

「もう、これからは数学や物理学を正しく発展させようとする人たちを不幸にしないようにしましょう」

　サクくんは涙を流しながら、ブルーノおじさんを思い出しています。

「そうね。そうしないと、いつまでたっても人類の心は成熟しないわ」

「科学技術が進歩するのも良いけれども、それよりももっと大切なことは、私たち全員の心が豊かになることよ。その豊かさを支えるのが良識だわ。何ごとも最終的には良識的に判断することが大切だと思うわ」

「賛成～！」

◆　うきゅ～の神様

「闇の黒幕は人々の心に眠る邪悪な無意識だ。その無意識的な悪意が具現化したものが、闇の処刑人であった。そして、わしもまた、本当の神ではない。わしは闇の黒幕と戦うために生まれた精神的な存在である。科学の発展に寄与しながら、恵まれない生涯を閉じた多くの先人たちがいた。真実を求めるそのような人たちの願いが具現化した幻覚なんじゃきゅ～」

「僕たちは幻覚を見ているの？」

「そうじゃ。闇の処刑人も幻覚であり、このわしも幻覚だ。そして、わしはもう用なしじゃきゅ〜」

「洋ナシ？」

コウちんは大好きな果物を連想して、生唾が出てきました。

「違う。わしの役目は終わったのじゃきゅ〜。さらばじゃ」

「ちょっと待って！」

ヒデ先生はうきゅ〜の神様に聞いてみたいことがありました。

「なんじゃ」

「私は、対角線論法は背理法ではないと思っていますが、うきゅ〜の神様はどう思いますか？」

「よかろ〜」

うきゅ〜の神様は、対角線論法について淡々と語り始めました。それは、ヒデ先生よりも一段と面白いバージョンアップでした。

◆　バージョンアップ

【対角線論法の解釈その１】

「自然数全体の集合Ｎと実数全体の集合Ｒとの間に１対１対応が存在する」と仮定したら矛盾が生じる。これは背理

法であり、これをもって仮定を否定することができる。つまり、ＮとＲの間には１対１対応が存在しない。

　これは現在の地球数学における対角線論法の解釈です。ヒデ先生は、これをガワナメ風にアレンジして、次なるバージョンアップをしました。

【対角線論法の解釈その２】
　まず、数学に実無限を導入する。その実無限のもとでは、自然数全体の集合Ｎと実数全体の集合Ｒはともに集合となる。さらに、両者の間に１対１対応が存在すると仮定すると矛盾が生じる。この証明における仮定は「実無限」と「１対１対応」の２つがある。否定すべき仮定が複数あるときには、どの仮定を否定すべきか決定しない。よって、背理法が成立しない。つまり、対角線論法は背理法ではない。

　これはヒデ先生の対角線論法に対する解釈です。しかし、うきゅ〜の神様はこれをもう一段高いところにまでバージョンアップしました。それが、次なるものです。

【対角線論法の解釈その３】
　まずは、数学に実無限を導入する。その実無限のもとで、自然数全体の集合Ｎと実数全体の集合Ｒの間に１対１対応が存在すると仮定したら矛盾が生じる。このとき、ヒデの

否定則（否定すべき仮定が2つ以上ある場合は、先に置かれた根源的な仮定を否定する）を用いる。すると、実無限のほう根源的であり、かつ、怪しいから、否定すべきは実無限である。

対角線論法は「実無限」を否定している背理法である。

「つまり、こういうことね」

対角線論法は「NとRの間の1対1対応」を否定している背理法である。（現代数学の解釈）
　→角線論法は背理法ではない。（ヒデ先生の解釈）
　→対角線論法は「実無限」を否定している背理法である。
　（うきゅ～の神様の解釈）

「そうだ」
「確かに、これは面白いバージョンアップね。うきゅ～の神様って、なかなかやるじゃない」
「それほどでも～」

◆　ヒデの鉄則

「でも、ヒデの否定則って何？」

382

「それは私が説明します」

　ヒデ先生はしゃしゃり出ました。

「ヒデの鉄則の1つだ。ヒデの鉄則は2つある。1つはヒデの採用則であり、もう1つがヒデの否定則である。ヒデの鉄則は、数学を根源的なところまで戻す法則である」

「数学を原始時代にまでさかのぼらせるの〜？」

「そう考えても良いだろう。要するに、数学の基礎の基礎まで踏み込むんだ」

　数学における証明は、常におおもと —— 根源的な命題 —— から始めます。そして、数学理論を構築する際には、この根源的な命題を仮定として採用します。

　もし、この数学理論の内部で証明しているうちに矛盾が証明されたら、これは背理法を構成していると解釈します。このときに否定するのは、最も根源的で怪しい仮定を否定します。

　公理系を作るときに根源的なものを採用する手法を**ヒデの採用則**と呼び、背理法でもっとも根源的で怪しそうな仮定を否定することを**ヒデの否定則**と呼ぶことにします。この2つを合わせて、**ヒデの鉄則**と呼びます。

【ヒデの採用則　根本用語の採用】

　公理系を作るときには、根本的な用語を用いている命題

を公理として採用する。

【ヒデの否定則　根本命題の否定】
　複数の依存命題が存在する中で背理法を用いるときには、できるだけ怪しそうな根源的な命題を否定する。

「わかった。『実無限』と『ＮとＲの間の１対１対応』では、実無限のほうが根源的だよね。だから、『対角線論法は１対１対応を否定しないで、実無限を否定している』と解釈するんだね」
「ぴんぽ〜ん」

◆　依存命題

　ヒデの否定則は、依存命題と密接に関係しています。
　ＡとＢがお互いに無関係な命題である場合、ＡからＢが証明されず、ＢからＡも証明されません。これを「命題ＡとＢはお互いに独立している」と言います。
　一方、Ｂが命題かどうかは、命題Ａの真理値に依存している場合があります。そこで、次のような依存命題の概念を数学に導入します。

【依存命題の定義】

　命題Aが真ならば、Bは命題である。命題Aが偽ならば、Bは命題ではない。AとBがこのような関係を持っているとき、「BはAに依存している命題（BはAの依存命題)」と呼ぶことにします。

　命題Aが真　→　Bは命題

　命題Aが偽　→　Bは非命題

　2つの命題AとBがあり、この2つの仮定から矛盾が証明されたとします。ここで、これを背理法と解釈して、矛盾を$Q \land \neg Q$で表わします。そして、BがAの依存命題である場合と依存命題ではない場合に分けてみます。

【BがAの依存命題ではない場合＝AとBが独立のとき】

　AとBは命題としては対等です。

$(A \land B) \rightarrow (Q \land \neg Q)$

$\equiv \neg (A \land B) \lor O$

$\equiv \neg (A \land B)$

$\equiv \neg A \lor \neg B$

　以上より、AかBのどちらかは偽の命題です。AとBはお互いに対等なのだから、Aを否定するかBを否定するか

第11幕　地球大統領との会見　385

は決定しません。つまり、背理法としては不完全です。

【BがAの依存命題である場合＝Bが命題であるかどうかが、Aの真理値に依存しているとき】

BがAの依存命題ならば、Aが先行して、BはAという論理の中に組み込まれます。つまり、論理構造としてはA→（B→…という順序になって、B→（A→…という順序にはなりません。

$$A \to (B \to (Q \land \neg Q))$$
$$\equiv \neg A \lor (\neg B \lor O)$$
$$\equiv \neg A \lor \neg B$$

結果的に論理式はまったく同じになります。

しかし、BはAに依存しているので、非命題のことがあります。つまり、Bを否定しても「命題を正しく否定している」とは言えないことがあります。

背理法は「仮定としての命題」を否定する証明法であり、「仮定としての非命題」を否定する証明法ではありません。これより、しっかりと「仮定としての命題」を否定するためには、BではなくAのほうを否定すべきです。これを法則にしたのがヒデの否定則です。

◆　ヒデの否定則

ヒデの否定則の一般的な表現をしてみます。

【ヒデの否定則】
　複数の仮定から矛盾が証明されたとする。これを背理法と解釈するならば、仮定を否定する必要がある。その際、表現がより根源的で怪しい仮定を否定する。

　Aという仮定で証明を行なっている途中に、さらにBという仮定をもう1つ置きます。そこから矛盾$Q \wedge \neg Q$が導かれた場合、全体の論理構造は次のようになります。

$$A \rightarrow (B \rightarrow (Q \wedge \neg Q)) \equiv \neg A \vee \neg B$$

　これより、$\neg A \vee \neg B$という論理式は真の命題です。この命題は、A，Bの2つのうち、どれかが偽であれば成立します。つまり、A，Bの2つのうちのどれかを否定すれば矛盾は回避されます。これが、2つの独立した対等な命題による背理法です。
　しかし、BはAに依存しているとき、おおもとの命題はAです。この論理構造にヒデの否定則を適用すれば、「否定されるのはAである」ということになります。根源的な仮定Aを否定すれば、すべてが丸く収まります。Aを否定す

第11幕　地球大統領との会見　387

ればその後のBを考慮する必要はありません。

　それに対して「Bを否定した背理法」は、肝心なAを見落としているために何かすっきりしない感じを受けます。これが対角線論法に対する「何となく、この背理法は納得できない」という違和感です。

　カントールの考案した対角線論法に対して、多くの人たちが直観的な抵抗を感じてきたのは、このような理由からでしょう。

◆　4つの数学

　では、このヒデの否定則にしたがって、対角線論法の構造をもっと詳しく見ていきましょう。対角線論法は、次のような論理式になっています。

$$A \rightarrow (B \rightarrow (C \rightarrow (D \rightarrow (Q \land \neg Q))))$$

　A：実無限は正しい。
　B：無限集合は集合である。
　C：無限小数は実数である。
　D：自然数全体の集合と実数全体の集合の間に1対1対応が存在する。

Aを仮定し、AのもとでBを仮定し、BのもとでCを仮定し、CのもとでDを仮定し、そのDから矛盾Q∧¬Qが出てきます。

　具体的にいうと、実無限が正しければ無限集合が作られます。（実無限が間違っていれば、無限集合は数学内には存在できません）無限集合が存在すれば、無限集合から無限小数が作られます。（無限集合が存在しなければ、無限小数も存在できません）無限小数が存在すれば、「自然数全体の集合と実数全体の集合の間に１対１対応が存在する」と仮定して矛盾が導き出されます。（無限小数が存在しなければ、何も矛盾は出てきません）

第１仮定→（第２仮定→（第３仮定→（第４仮定→矛盾）））
　　A　　　　　　B　　　　　C　　　　　　D

　この場合、どの仮定を否定しても背理法になります。しかし、どれを否定するかによってお互いに異なった４つの背理法ができ上がるので、それをもとに４つの異なった数学を作り出すことができます。

　第４数学：第４仮定Dを否定する。

　これは地球人が作り上げた数学です。実無限を認め、無限集合を認め、無限小数を認めますが、最後の「自然数全体の集合と実数全体の集合の間に１対１対応が存在する」

だけを認めません。

　第３数学：第３仮定Ｃを否定する。

　これは、地球数学とは異なる数学です。実無限を認め、無限集合を認めますが、無限小数を実数としては認めません。無限小数が否定されれば、「自然数全体の集合と実数全体の集合の間に１対１対応が存在する」という第４仮定は無意味となります。なぜならば、対角線論法においては「実数は無限小数である」と仮定しているからです。

　第２数学：第２仮定Ｂを否定する。

　これも、地球数学とは異なる数学です。実無限を認めますが、無限集合を認めません。無限集合が否定されれば、無限小数も「自然数全体の集合と実数全体の集合の間に１対１対応が存在する」もナンセンスとなります。

　第１数学：第１仮定Ａを否定する。

　これは、ガワナメ星人が作りつつある数学です。実無限を認めないので、無限集合も無限小数も「自然数全体の集合と無限小数全体の集合の間に１対１対応が存在する」もすべて考える必要はなくなります。

　ここでは「Ｄが成り立つためには、Ｃが真の命題であることが必要である（ＤはＣの依存命題である）」「Ｃが成り

立つためには、Bが真の命題であることが必要である（C
はBの依存命題である）」「Bが成り立つためには、Aが真
の命題であることが必要である（BはAの依存命題であ
る）」という関係になっています。これより、DはCに依存
し、CはBに依存し、BはAに依存しています。

　対角線論法を大きな視野から眺めてみると、このような
依存命題の連鎖になっているので、否定するなら連鎖のお
おもととなっている一番怪しい第1仮定Aを否定し、第1
数学を選択すべきでしょう。これが矛盾を根本的に解決す
る方法であり、これを法則化したのがヒデの否定則です。
これによって、全員が納得できる数学が作られます。

　それに対して第2数学から第4数学までは、中途半端な
否定による不完全な背理法となってしまい、結果的に間違
った数学が作られてしまいます。

◆　公理の形

　うきゅ〜の神様は神妙な顔で言いました。
「もう2つだけ、みんなに言っておきたいことがあるのだ
きゅ〜」
　うきゅ〜の神様は、さらに平行線公理の謎に迫ります。
ここで、ユークリッド幾何学の各公理の形を考えます。ユ
ークリッドは公準と公理を分けて考えましたが、現在はこ

の2つは同じような存在と考えられています。

【ユークリッド幾何学の5公理】
第1公理：任意の点から他の任意の点へ直線を1本だけ
　　　　　引くことができる。
第2公理：直線の両端を連続的にまっすぐに伸ばすこと
　　　　　ができる。
第3公理：任意の点を中心とする任意の半径の円を描く
　　　　　ことができる。
第4公理：すべての直角はお互いに等しい。
第5公理：1本の直線Lとその上にない1つの点Pがあ
　　　　　るとき、その点Pを通って直線Lに平行な直
　　　　　線はただ1本存在する。

これら5つの公理を文の形で比較します。

第1公理：Aである。
第2公理：Aである。
第3公理：Aである。
第4公理：Aである。
第5公理：AならばBである。

　文章が長い第5公理に抵抗を感じて、後世の人たちは
「これは第1～第4公理から証明される定理ではないか？」

と疑いました。

　第5公理の文章は何故、長いのでしょうか？　その理由は、上記のように条件文になっているからです。条件文とは「AならばBである」という形の文章です。第1公理から第4公理までは単文であり、条件文ではありません。

◆　第5公準と平行線公理

「もう1つ、言いたいのだきゅ～」
　コウちんはまねをします。
「なんだきゅ～」
「第5公準と平行線公理の違いだきゅ～」
「え、同じじゃないのですか？」
　みんなはびっくりしています。
「まったく違うのだきゅ～」
　うきゅ～の神様は、その本質的な違いを教えようとしています。
「ユークリッドは原論という本で第5公準を記載したのだきゅ～」

【ユークリッドの第5公準】
　1本の直線が2本の直線と交わり、同じ側の内角の和が2直角より小さいならば、この2直線を延長すると2直角

より小さな角のある側で交わる。（用いられた直線という単語は、有限の長さを持った真っ直ぐな線です）

「しかし、その文章は長かったので、その後、18世紀にプレイフェアという数学者が、もっと短くした平行線公理を考え出した。みんなが学校で教えられているのが、このプレイフェアの平行線公理のほうだきゅ～」

【プレイフェアの平行線公理】
　1本の直線Lとその上にない1つの点Pがあるとき、その点Pを通って直線Lに平行な直線はただ1本存在する。（用いされた直線という単語は、無限の長さを持った真っ直ぐな線です）

「確かに…」
　ヒデ先生やマユ先生は学生時代を思い出しました。しかし、相変わらずきゅ～が耳障りです。ところが、ついにうきゅ～の神様は平行線公理の本質に触れることを言い出しました。

　ユークリッドが作った第5公準と、プレイフェアが作った平行線公理では表現が異なります。大きな違いは直線という単語の意味です。ユークリッドは「（有限の）直線」を考え、プレイフェアは「（無限の）直線」を考えています。

第5公準で使われている直線は「有限の長さを持った真っ直ぐな線」です。それに対して、平行線公理で使われている直線は「無限の長さを持った真っ直ぐな線」です。

　つまり、ユークリッドの第5公準は可能無限を用いた公理であり、プレイフェアの平行線公理は実無限を用いた公理です。

　有限の長さには値はあるけれども、無限の長さには値はありません。これより、両端を持った直線には長さがあるけれども、両端のない直線や片方の端のない半直線には長さがありません。長さとは、始点から終点までの距離のことです。

　ユークリッドは「両端のない線」を線とはみなさず、無限の長さを持つ直線（いわゆる実無限）を数学に導入しないように細心の注意を払っていました。彼は、可能無限の幾何学に固執していたからです。実無限の直線を数学に取り入れないために、「線を無限に伸ばす」という可能無限独特の言い回しとなって、第5公準は表現が長たらしくなりました。数学で正確な表現をしようとしたら、ある程度、文章が長くなるのはやむお得ないことでしょう。

　しかし、ここに後世の人たちが目を付けたのでした。内容は明らかに正しいのだけれども、文章の長さだけで「表現が複雑だから、第5公準は定理ではないか？」と疑いを持ちました。その証拠に第1公準から第4公準までは「定

第11幕　地球大統領との会見　395

理ではないか？」とは疑いませんでした。これらは他の公理から証明できない真の命題であることが、明らかに直観できたからです。

次に、第5公準の長たらしい文章を短くする工夫がなされ、それがプレイフェアの平行線公理として完成しました。可能無限を実無限に変えることによって、文章を短くすることに成功したのです。「有限の直線を伸ばす」という表現から「無限の直線が存在する」に変わりました。

そして、今では第5公準と平行線公理が同値とされています。しかし、これはあり得ないことです。なぜならば、無矛盾な「可能無限の直線」を採用しているユークリッドの第5公準は真の命題でも、矛盾した「実無限の直線」を採用しているプレイフェアの平行線公理は真かつ偽の矛盾した命題（すなわち非命題）だからです。命題と非命題が同値であるはずはありません。

◆ 地球数学防衛隊の解散

がうす大統領は言いました。
「やはり、実無限は矛盾している」
そして、大統領命令を下しました。
「数学から実無限を排除せよ！」
「しかし、それでは数学界から猛反発を食らうでしょう。

来年の大統領選挙に不利になります。それどころか、不信任案まで出てくるかも」

「それでもかまわん。可能無限狩りをすぐに中止せよ。地球数学防衛隊は解散だ」

　がうす大統領は武士道を重んじています。正しいことは正しいとしてどこまでも貫く —— ならぬものはならぬ —— の精神です。たとえ、大統領の地位を追い落とされようとも…。

「3人の宇宙飛行士を釈放して、英雄として扱え！」

　大統領命令が次から次へと発令されています。周囲にいる側近はてんやわんやです。

「善をなすのを急げ。悪を心から退けよ。善をなすのにノロノロしていたら、心は悪事を楽しむ。一刻も早く実無限を数学から追い出すが良い」

　みんなはこの日を待ちに待っていました。ようやく、地球の数学に春がやってきそうです。

「矛盾している無限集合論を用いて数学の問題を解くことも、パラドックスだらけの相対性理論を用いて物理学の問題を解くことも、ともに非科学的な方法である。このような理論を捨てない限り、人類は真理を追究することはできない」

　ヒデ先生は大統領に異議を唱えました。

「大統領閣下、この世界は科学をはるかに超えた世界です。なにしろ、科学と非科学を分ける境界線を科学的に設定す

ることができないのですから」

「では、どうやって科学と非科学を見分けるつもりか？」

　ヒデ先生は大統領に進言します。

「最終的に頼りになるのは、みんなが心の奥底に持っている人間としての良識でしょう。数学は良識に始まり、良識に終わります。物理学もまた、良識に始まり、良識に終わります」

「なるほど」

◆　宇宙の平和

「そろそろ、帰る時間だわ」

　うきゅ〜の神様は、両手を広げるとミーたんとコウちんを優しく包みました。すると、それは見る見るうちに巨大なＵＦＯに変身しました。そして、ヒデ先生とマユ先生もそのふにゃふにゃしたＵＦＯに乗り込みました。ＵＦＯはゆっくり上昇して、ゆっくり移動します。

　がうす大統領の庭に集まったみんなはその温かそうなＵＦＯに向かって、熱い視線を送っています。その中には、ボヤイ隊員、ロバチェフスキー隊長、リーマン博士もいます。いつの間にか、地球数学防衛隊の大勢の隊員たちも集まっていました。そして、近所の人たちも…

　ミーたんたちはＵＦＯの中で、大統領たちは大統領邸で

祈っています。

「今度こそ、地球上からありとあらゆる戦争や犯罪がなくなりますように…そして、闇の黒幕よ、永遠にさようなら！　闇の処刑人よ、永遠にバイバイ！」

　そして、お互いに手を振っています。

「地球のみなさん、さようなら〜」

「ガワナメ星のみなさん、さようなら！」

　ＵＦＯは、あっという間に時空を飛び超えてガワナメ星に帰って行きました。

　どことなく、宇宙の片隅からうきゅ〜の神様の歌が聞こえてきます。いったい、どこで誰が歌っているのでしょうか？

　うきゅ〜の神様　う〜きゅっきゅ

　　世界で一匹　　　う〜きゅっきゅ

　　　黄色と緑の　　　う〜きゅっきゅ

　　　どじで間抜けの　う〜きゅっきゅ

　　　　子どもが大好き　う〜きゅっきゅ

　　　　夢をかなえる　　う〜きゅっきゅ

　　　　平和をもたらす　う〜きゅっきゅ

　　　　みんな幸せ　　　う〜きゅっきゅ

　　　　　う〜きゅっきゅ　う〜きゅっきゅ

　　　　　う〜きゅっきゅ　う〜きゅっきゅ

第11幕　地球大統領との会見　399

う～きゅっきゅ　う～きゅっきゅ

◆　連続体仮説の追加

　連続体仮説を最初に言い出したのはカントールであり、それを世に広めたのはヒルベルトです。連続体仮説に対しては多くの数学者が挑戦し、結果的には次のような最終結論で落ち着きました。

「連続体仮説はＺＦ集合論から独立している」

　しかし、証明されたのは「ＺＦ集合論が無矛盾であれば、ＺＦ集合論に連続体仮説を加えても無矛盾である」と「ＺＦ集合論が無矛盾であれば、ＺＦ集合論に連続体仮説の否定を加えても無矛盾である」というものです。
　ここで、Ａ，Ｂ，Ｃを次のように置きます。

　Ａ：ＺＦ集合論は無矛盾である。
　Ｂ：ＺＦ集合論に連続体仮説を加えても無矛盾である。
　Ｃ：ＺＦ集合論に連続体仮説の否定を加えても無矛盾である。

　ゲーデルが証明したのはＡ→Ｂです。コーエンが証明したのはＡ→Ｃです。
　ところが、次なる真理表からわかるように、ＺＦ集合論が矛盾していれば、この２つの論理式Ａ→ＢとＡ→Ｃはと

もに真になります。

A	B	C	A→B	A→C
1	1	1	1	1
1	1	0	1	0
1	0	1	0	1
1	0	0	0	0
0	1	1	1	1
0	1	0	1	1
0	0	1	1	1
0	0	0	1	1

　1は真を表し、0は偽を表しています。この表から、次のことが読み取れます。

　Aが偽（0）のとき、A→BとA→Cはともに真（1）である。

　つまり、ＺＦ集合論が矛盾していれば、「ＺＦ集合論が無矛盾であれば、ＺＦ集合論に連続体仮説を加えても無矛盾である」と「ＺＦ集合論が無矛盾であれば、ＺＦ集合論に連続体仮説の否定を加えても無矛盾である」は両方とも真になります。つまり、次が言えます。

402

ＺＦ集合論が矛盾していれば、連続体仮説はＺＦ集合論
から独立している。

　逆に考えると、Ａ→ＢとＡ→Ｃが両方とも証明されたと
いうことは、￢Ａ（すなわち、ＺＦ集合論が矛盾している
こと）がほぼ証明された、と考えても良いことになります。
　実際に先ほどの真理値表をじっと眺めていると、Ａ→Ｂ
とＡ→Ｃが共に真になるのは、１行目、５行目、６行目、
７行目、８行目の５個です。このうち、Ａも真になるのは
１行目だけです。そこで、ＺＦ集合論が矛盾している可能
性（Ａが偽である可能性）を計算すると、次の数字が得ら
れます。

　　ＺＦ集合論が矛盾している可能性＝４／５＝８０％

　現代数学においては、連続体仮説の解決には「ＺＦ集合
論が無矛盾である」という仮定が不可欠です。しかし、ゲ
ーデルとコーエンの行なった証明を組み合わせれば「ＺＦ
集合論は８０％の確率で矛盾している」とも読み取れます。

◆ あとがき

　前世紀には、数学と物理学に大きな影響を与えた２人の天才がいました。１人は数学者ヒルベルトであり、もう１人は物理学者アインシュタインです。

　ヒルベルトの形式主義は、その後の数学の方向性を示す重要な指針となり、公理的集合論が作られました。アインシュタインの相対性理論は、その後の物理学の発展に大きく貢献しました。

　公理的集合論と相対性理論は、それぞれ数学や物理学の標準的な理論として確立し、いまやその地位は不動のものとなっています。こうして、現代数学と現代物理学は、ヒルベルトとアインシュタインの敷いたレールの上を迷うことなく突き進んでいます。

　しかし、ヒルベルトのリーダーシップによって作り上げられた（数学の基礎である）公理的集合論と、アインシュタインが独力で作り上げた（物理学の基礎である）相対性理論が、もし両方とも矛盾していたら、事態はどうなってしまうのでしょうか？

　きっと、数学的な問題ではないものを、あるいは物理学的な問題ではないものを「数学上の難問」や「物理学上の難問」として、必死に解こうとするのではないのでしょうか？

　その典型例が、ヒルベルトの23問題の筆頭にあげられ

た連続体仮説です。**連続体仮説は、実無限という矛盾した概念が数学に導入されたことによって作り上げられた「架空の難問」です。**本来ならば、数学が解決すべき問題ではありませんでした。

　パリで第2回国際数学者会議が開催されてからちょうど100年が経過した西暦2000年に、アメリカのクレイ数学研究所は、同じくパリにおいて次のような7つの未解決問題を発表しました。

　　1．P≠NP予想
　　2．ホッジ予想
　　3．ポアンカレ予想
　　4．リーマン予想
　　5．ヤン―ミルズ方程式と質量ギャップ
　　6．ナビエ―ストークス方程式の解の存在と滑らかさ
　　7．バーチ・スウィンナートン―ダイアー予想

　これらはミレニアム懸賞問題と呼ばれています。というのは、これらの問題を解いた人に対して、クレイ数学研究所は1問につき100万ドル（約1億円）の賞金を与えることを明らかにしたからです。

　しかし、ここでまったく異なった発想をしてみます。こ

あとがき　405

れらは果たして、本当に「真偽を有する数学的な命題であるのか？」ということです。命題のように書かれている文や命題のように書かれている論理式が必ずしも命題とは限りません。連続体仮説はその良い例です。ここで、連続体仮説をもう一度、振り返ってみましょう。

【連続体仮説】
「すべての自然数を集めた集合」の濃度と「すべての実数を集めた集合」の濃度の間には、中間の濃度が存在しない。

　今までの連続体仮説に対する私たちの方針は、これが真であるか偽であるかの証明を探すことに尽きました。つまり、最初から連続体仮説を命題と決めつけていました。
　問題を解くときに最初から決めつけてしまうと、正しく解けないことがあります。では、ここで再び、連続体仮説の表現を細かく検討してみます。
「すべての自然数を集めた集合」の濃度と「すべての実数を集めた集合」の濃度の間には、中間の濃度が存在しない、という文には、「すべての」という実無限を用いた形容詞と「濃度」という実無限の概念を表す名詞が使われています。そして、「集合」という言葉も、実無限からなる「無限集合」を指しています。
　つまり、連続体仮説はれっきとした実無限の立場で提起された問題です。可能無限の立場から提起された問題では

ありません。

実無限（完結する無限）は有限（完結するもの）と無限
（完結しないもの）の合成物です。したがって、最初から実
無限は自己矛盾している概念であり、これをもとに生まれ
た連続体仮説は、数学的な命題とは言えません。そして、
命題ではないものの真偽を明らかにしようとしても、決し
て満足できる結果は得られません。

実際、ゲーデルとコーエンらによる解答は、「連続体仮説
はＺＦ集合論から独立している」という奇妙なものでした。
その結果、連続体仮説は真でもかまわないし、偽でもかま
わないということになりました。この結論に対して、数学
におけるシンプルな美しさが感じられないのは、私だけで
しょうか？

ミレニアム問題は、連続体仮説以上の難問だらけでしょ
う。このとき、「これらは命題であるに違いない。だから、
これらの真偽を明らかにするための証明を探そう」という
今までの発想にとらわれず、「これらの問題は解けないかも
知れない。その理由は２つある。１つは、これらが命題で
あるにもかかわらず、証明が存在しないからである。もう
１つの理由は、これらが命題ではないために、証明そのも
のが無意味だからである」という態度を持ってみたらどう
でしょうか。上記の１つ１つのミレニアム問題に対して、
このような発想の転換はとても役に立つかもしれません。

あとがき　407

今までの数学とはまったく異なる新しいアプローチによって、世界中の子どもたちが力を合わせて、ミレニアム問題の謎を次から次へと解明してくれる日が来ることを期待しています。そして、そのとき、本書がそのお役に立てれば、とてもうれしく思います。

また、数学基礎論はとても地味な分野ですが、研究すべき対象は豊富です。そして、この分野の仕事は数学を根本的に変えてしまうほどの大きなエネルギーを持っています。だからこそ、数学基礎論の責任は重大です。数学の好きな学生さんたちが、この道にたくさん進んでくれることを期待しています。

なお、この本を出版するにあたって、数学者、物理学者、哲学者、そして学生さんなど、多くの人々から私の間違いを指摘していただきました。本当にありがとうございました。あるときは直接会って、あるときは手紙で、あるときはメールで、あるときは掲示板で、たくさんの助言を受けることができました。その節は、多々、失礼な表現をしたかと思いますが、どうか、お許しください。

また、数学について考える時間を私に与えてくれた家族に、心から感謝をいたします。そして最後に、この本を出版するにあたって努力してくれた出版社の皆様に感謝をい

たします。

　私に数学や哲学を教えてくれた恩師のお名前を出したかったのですが、内容が内容だけにご迷惑をおかけすることは必須ですので、控えさせていただきました。

　また、文体として、一部、実在した過去の数学者をおちょくった表現をさせていただきましたが、私は彼らを心から尊敬しています。それでも「真実は師よりも近しい」という態度が大事かと思います。

　25年間という長い間、対角線論法は私を魅了し続けてきました。そして、この背理法を壊しては組み立て直すという作業を延々と繰り返してきました。その間、私の考え方も変化し、10年以上も前に出版した「カントールの対角線論法」と「カントールの区間縮小法」の中で述べていることと現在の私の考え方は大きく異なるようになりました。

　でも、私の考え方がどのように変化して今回の「カントールの連続体仮説」に結びついたかは、とても大切な資料になると思います。そこで、過去の著作物の間違った記載については改訂版を出さずに、あえてそのままにしておきます。

　過去数千年にわたって数学を作り出し、それを発展させ、支えてきた数学者たちの真摯な努力に思いをはせながら、これからも数学、物理学、そして哲学に幸あれと願っています。

この本 1 冊を書きあげるのに 10 年間以上かかりました。その間、家族には迷惑をかけっぱなしでした。今、ここで改めて謝罪を申し上げます。ごめんなさい。そして、この本を愛する家族に捧げます。

著者紹介

昭和40年	東京都練馬区立田柄小学校卒業
昭和43年	東京都練馬区立田柄中学校卒業
昭和48年	東京都立航空工業高等専門学校航空機体工学科卒業　その後、日本テキサスインスツルメンツ（株）などに勤務
昭和53年	千葉大学医学部入学
昭和59年	千葉大学医学部卒業　日本赤十字社医療センター　産婦人科研修医のちに専修医
昭和62年	防衛医科大学校病院　産婦人科助手
平成2年	鈴木産婦人科　副院長
平成5年	偶然にもカントールの対角線論法と出会う。その証明の美しさと不思議さに魅せられ、従来とはまったく異なる視点から対角線論法を研究し始める。
平成9年	愛和病院　産婦人科医長
平成16年	市川クリニック開院（内科・小児科・産婦人科・授乳外来・アロマ外来・ベビーマッサージ）
平成18年	「カントールの対角線論法」執筆
平成19年	「カントールの区間縮小法」執筆
平成29年	「カントールの連続体仮説」執筆

カントールの連続体仮説
Cantor's Continuum Hypothesis

2017 年 5 月 15 日　第 1 刷発行

著　者　市川秀志

発行者　太田宏司郎
発行所　株式会社パレード
　　　　大阪本社　〒530-0043　大阪府大阪市北区天満 2-7-12
　　　　　　　　　TEL 06-6351-0740　FAX 06-6356-8129
　　　　東京支社　〒150-0021　東京都渋谷区恵比寿西 1-19-6-6F
　　　　　　　　　TEL 03-5456-9677　FAX 03-5456-9678
　　　　http://books.parade.co.jp
発売所　株式会社星雲社
　　　　　　　　　〒112-0005　東京都文京区水道 1-3-30
　　　　　　　　　TEL 03-3868-3275　FAX 03-3868-6588
装　幀　岡本隆司・藤山めぐみ（PARADE Inc.）
印刷所　創栄図書印刷株式会社

本書の複写・複製を禁じます。落丁・乱丁本はお取り替えいたします。
©Hideshi Ichikawa, 2017　Printed in Japan
ISBN 978-4-434-23234-3　C0041